U0094070

0~3歲，用遊戲教出棒小孩

超人氣親職教養專家 薛文英
資深幼兒教養專家 黃曉萍／合著

0123

玩耍、遊戲、陪伴、成長！

智能發展、品格養成的感情增溫小遊戲，
讓孩子玩中學習、愛中成長！

推薦序

0～3歲關鍵發展期，影響寶寶日後成就大！

文英和曉萍，都是好專業的媽媽。

能各自把兩孩子帶好，自然是好媽媽，在出生率迭創新低的島上，能有這兩位媽媽的教養經驗分享，當然是不可多得的好事。在臺灣還不知道感覺統合為何物的年代，這兩位職業婦女就獲得了國際專業認證，開始將感覺統合的教育理論實踐在工作和生活之中，有身體力行將理論深入淺出，又是一件適意的事。

0～3歲的關鍵發展期，影響寶寶日後成就甚劇，因為這個階段大腦在高速的發展，神經元彼此之間的連結在快速的成長，雖然其網路連結具有很高的隨機性，但是令其開始連結肯定是感覺刺激造成的，如果孩子有機會在發展早期接觸適當足夠且多元的刺激，大腦就能朝著所期待的結果發展。把握適合的時間和寶寶玩適合的遊戲，就是透過感覺刺激、活化大腦的好方法，父母透過遊戲就有機會幫孩子打好未來發展的基礎。

十年左右，文英一直在幼稚教育領域從事教學研發和教育訓練，而曉萍專注在教學管理及執行，兩人聯手寫書，把「為什麼」和「怎麼做」都照顧周全了，父母大部分的教養困擾都能都到答案。這兩位好專業的媽媽寫的這本教養書，當然不能錯過。

兒童情緒教育專家　李驥

作者序 1

悠然教養 幸福相伴

我是個生育兩個孩子的職業婦女，每當聽聞熟齡女性朋友為了求子而辛苦，總覺得自己特別幸運，養育兩個孩子的經驗，讓我有機會可以透過親身參與體會當媽媽陪著寶寶歡笑和流淚的育兒心情，能將專業教科書上的教育理論和真實生活做比對，這是多麼珍貴的機會，而我也因此獲得豐富的心靈成長。

不久前，在大兒子說要報名參加高中畢業旅行的那天晚上，突然有種時光飛逝的感覺，望著兒子比自己更高大的模樣，說真的挺不習慣，眼前這青年不久前還是個孩子呀……。心中充滿無法形容的成就感，可腦海中卻依稀仍然記得多年前，知道自己懷孕時的緊張心情呢！

養育一個獨一無二充滿生命力的小寶寶，從懷孕出生到寶寶可以上學讀書，這段過程充滿了驚喜和未知，大多數生育年齡的新手爸媽，在見到寶寶出生的第一眼時，真可說是充滿了期待和擔心的矛盾情緒。

親自走過了這段過程，因此打從心底充滿感激，也盼望更多父母也能感受到育兒過程的幸福和喜悅。

廿一世紀的現代人已經很少會為了「養兒防老」而生孩子。男孩和女孩一樣好，過去華人重男輕女為了「傳宗接代」的觀念也逐漸在改變。以各國生育率列表看起來，在文明發達的國家生育率相對是偏低的，但父母願意投入教養子女的預算並沒有上限，因為父母都希望把最好的留給自己的孩子。

知識水平越高的家庭子女數越少，因為父母對無法預測的狀況會更擔心。於是我開始關心將來少子化衍生的社會問題，可能成為本世紀人類最難解的狀況。

難道真的會養不起孩子嗎？或許擔心自己沒有能力教小孩、太愛小孩、不想下一代負擔壓力，因為有這些顧慮的朋友反而更多。在從事幼兒親子教育服務的工作超過十年後，追根究底發現，因為擔心未知的育兒狀況，遲遲不願生孩子的高知識份子不生孩子的原因，竟然是因為擔心自己無法照顧好小寶寶。

繁衍下一代原本就是動物的本能，人類是所有物種當中心智能力最高的動物，反而新世代的人為生兒育女的問題而深感困惑，只因為學校並沒有教我們如何當個好爸媽。陪伴兒子長大的這些年，孩子不斷給我許多驚喜，「寶寶是如何學會的呢？」，「為什麼我小時候學很久才懂的事情，兒子學來自然而不費力呢？」強烈的好奇心成為鑽研嬰幼兒行為觀察和動作發展的強烈動機。

「請不要把孩子當寵物養！」原諒我曾在演講時如此直言，身為客觀的教育諮詢者，專業人員不能夠加入個人情緒性的評論，但在親眼看到無數寵溺小孩而造成壓力的個案之後，依然見到為愛而苦的父母總會叫人著急。

有感而發的激情言語也只是想給聽者留下深刻印象，期待以個人的力量激起一些連漪，引起更多人重視兒童教育的重要性。

「寫一本讓媽媽可以輕鬆了解的育兒書吧！」感謝出版資歷豐富的好友廖翊君的提議和支持才有這本書的誕生。過往確實花了很長的時間探尋寶藏，深夜望著家中數十本厚厚的繁體中文和簡体中文的專業教科書，每一本都翻譯得很詳盡，其中不乏加上專家學者針對中國兒童所做的分析比較，還有必要再多寫一本嗎？我問自己，可是想起媽媽們在諮詢時無助流淚的身影，還是寫吧！

於是我找到更熱血，以當「老師」為終身志業的好友黃曉萍老師一起完成。「找回人類最初的本能」是我和曉萍工作之餘經常會聊到的理想。希望這本書能提供爸爸媽媽或對嬰幼兒照顧有興趣的人一些實用的參考。

在台灣，有很多和黃老師這般具有專業資歷和豐富實務經驗的幼教人，他們身處在每個角落默默的付出，小寶寶因為他們而獲得細心的呵護；另一方面，父母更可從專業幼教人員的身上學到實用的經驗。教養不是單方父母的責任或老師的職責，唯有創造親師互動和諧的環境，孩子們才能發展出穩定的人格，我們得往這個方向繼續努力。

超人氣親職教養專家 **薛文英**

作者序 2

親子遊戲的重要性

從事幼兒教育二十年。主修幼兒教育，在十多年前毅然投入幼兒感覺遊戲領域，就這樣享受著『幼兒遊戲設計師』的工作本質，每天看著遊戲室裡親子親密互動的呵呵笑聲，我更確定——孩子的最佳玩伴並非形色繽紛的玩具，而是父母的「身體」。

除了鼓勵父母加入嬰幼兒的遊戲外，讓寶寶參與親子遊戲另一個誘因就是「小道具」。

給寶寶使用的小道具最重要是「安全」，玩具僅是一種工具，不見得樣樣都要昂貴和精緻的，日常生活裡垂手可得的小道具只要用點創意，也能玩出安全又無可取代的價值。

在家庭遊戲時，我最推薦的道具是「氣球」和「紙張」。氣球材質薄軟，使用起來不容易讓孩子撞傷或是發生意外；孩子很輕易就可以把氣球往上丟高，寶寶能獲得很大的成就感。而氣球本身的變化性很高，顏色、形狀甚至於聲音都可以製造多變性的樂趣。對於較小寶寶就可以善用面紙輕柔的觸感，與孩子遊戲時不怕會受傷且能得到成就感。若使用紙張或報紙玩運動遊戲，也可以將報紙捲成棒狀，與進行「拔河」或「造橋」的遊戲。

我育有一男一女，平日是孩子的媽媽，也是他們的玩伴。在孩子年幼時，家中的陽台也能成為我們共有的遊戲室，長大後更成為他們球場上的隊友。

然而，我們都知道每個孩子都是一個獨特的個體，有著不同的遺傳、個性、脾氣，有的孩子可能在某些發展比較快速，但有的孩子在發展上就稍為慢些。

而我從二十年來教導過的幼兒與自己兩個孩子身上也都印證了：不同孩子有自己的發展步調，父母要耐心的陪伴，給孩子信心與適時的引導和鼓勵。

唯有藉由肢體運動及大腦的激發，才能培養出體力、腦力兼具的優勢小孩，孩子們在遊戲中更可以調整情緒，提升忍受挫折的耐力，以及培養應變能力。

0～3 歲的寶寶在遊戲中，可透過手、腳、組織自己的身體，做出自己想做的動作，培養敏捷的計畫能力，讓他們日後成為充滿自信又受人歡迎的兒童。

與孩子一起在家裡互動遊戲並不困難，美妙的親子運動能夠拉近家庭成員的親密互動關係。

從您發現這本書開始，輕鬆享受與寶寶一起遊戲的趣味，今天才開始也還不算太晚喔！

資深幼兒教養專家 **黃曉萍**

目錄

Chapter 3 2歲寶貝 挑戰底線的冒險王

Chapter 4 3歲寶貝 難分難捨的小心肝

Chapter 5 與0歲寶寶的親子遊戲

Chapter 6

與1～2歲寶寶的親子遊戲

Chapter 7

與2～3歲寶貝的親子遊戲

Chapter 8

與3～4歲寶貝的親子遊戲

Chapter 9

從日常活動中，替寶寶進行檢核

Chapter 1

認識你的0歲寶貝

完美主義型的媽媽，帶養孩子反而特別辛苦。每當遇上這樣認真的媽媽時，總會感到特別心疼，因為她們想做好「母親」的角色，只是可惜對焦失調、用力過度了一點。

- 多想想小寶寶的可愛，降低全家人在育兒時期的手忙腳亂。
- 一位穩定的照顧者，對寶寶的情緒穩定和自信心發展會有幫助。
- 面臨身分轉換前，必修的第一課，就是讓自己的情緒安定下來。
- 在全家人迎接新生命的同時，媽媽這一方也需要關心和照顧。
- 許多研究都證實，父親的陪伴對嬰幼兒身心發展很有幫助。
- 教養子女不需要過度擔心，但也不能放任寵愛。
- 人類生理發展有一定的過程，就如同植物成長一樣。
- 您想和寶寶建立親密的親子關係，那麼花點時間是必要的。
- 適時的回應寶寶，可以讓寶寶建立安全依附感。
- 寶寶有點頑皮是好現象，表示腦子內部正在熱絡活動著。

1 育兒前 先安定自己的心

「我自認算是一個很努力的媽媽，從小就喜歡小孩子，大學也曾經修過幼兒教育相關的學分。懷孕後，我好開心終於有機會擁有自己可愛的寶寶了，這段時間我讀遍了坊間的育兒雜誌，也頻繁地和有經驗的朋友請教。

沒想到孩子出生以後，我發覺育嬰真的好累，最近聽到寶寶哭聲就有強烈的無力感……好像所有的幼兒教育理論和育兒相關知識，全部都塞在腦子裏打結了，一點也派不上用場，老師，請問該怎麼辦才好？」

這位看來相當無助的媽媽，在第一次見面時，就忍不住傾訴了她滿懷的焦慮和不安。當時，我能深切地感受到她內心的困惑和無力感，也因為自己發生過類似的經驗，因而忘不了她所說的話。

在投入親子教育職業多年之後，遇到太多人都抱有育兒方面的疑問，引起了好奇心，希望有辦法能讓爸爸媽媽們多想想小寶寶的可愛，並降低全家人在育兒時期的手忙腳亂和焦躁苦悶的心情。

在台灣，嬰幼兒早期教育受到普遍的關注，這些年網路上討論親子話題的部落格很多，每個社群也都有熱心的媽媽在深夜交換彼此的育兒經驗。

求好心切的媽媽確實不在少數，她們看待凡事都很認真，對自己要求更嚴謹，從懷孕開始為了給寶寶最好的成長環境，甚至願意放棄一切個人的喜好，只為了親力親為賜予小寶貝最完整的照顧。

在過往認識的親子家庭中，我特別注意到一個值得關心的現象：完美主義型的媽媽們，帶養孩子反而會特別辛苦。每當遇上這樣戰戰兢兢的媽媽總令人感到心疼，因為她們想扮演好母親的角色，只可惜對焦失調、用力過度了一點。

「由母親本人照顧孩子對寶寶最好嗎？」一位參加專業保母職前訓練課程的學員問到，她想當個專業的保母，所以來報名職業證照考試前的專業研習課程。

客觀的說，小寶寶需要有個穩定的看顧人，但這個主要照顧人卻不一定非得是親生母親。研究發現，嬰兒時期是建立親子安全依附關係的關鍵期，若能夠有一位穩定的照顧者，對寶寶的情緒穩定和自信心發展會有幫助，因此一開始的選擇，就相對顯得更重要了。

大約在前年夏天，我發現有些打扮較時髦的退休長輩也開始來學習育嬰照顧課程。在談到現代家庭照顧寶寶的怪異現象時，台下的銀髮族學員頻頻點頭微笑。

於是我好奇的問道：「今天學員中有幾位伯伯和阿姨看來不像是來考保母證照，為什麼您也特別過來上課呢？看來資歷不凡，好像督學來給我打分數一樣，今天的課程內容如何？你們覺得還滿意嗎？」

「我退休了，閒暇時間很多，來多學點新知識，將來有孫子也才知道要怎麼教呀！」「術業有專攻，今天上課才知道原來照顧寶寶有很多專業學問在其中，以後我們要更敬佩幼兒園老師了！」

聽到這樣的回答實在好感動，從20多歲到6、70歲的人都願意來學習育嬰的知識，這可謂是進步社會的象徵，我彷彿能想像，將來生長在這些家庭的寶寶都會很幸福。

學習不分年齡和階層，「教學相長」的經驗實在很難得珍貴，看著講台前方，一雙雙明亮的眼神、頻頻點頭微笑，這些氣質高雅銀髮族學員的加入，讓星期天午後的教室充滿生機。打從那天開始，我更加重視每一次的經驗分享，無論什麼媒體邀約，時間許可就設法出席，也對自己選擇的工作價值更具信心。

在先進國家，照顧嬰幼兒是門專業學問，不僅擔任育嬰工作必須通過專業認證的考核、甚至懷孕的女性和伴侶也必須參加育兒方面的課程。新手爸爸和媽媽面臨身

Magic Tips!
育兒小魔法

・無需擔心自己能否當個好爸媽！
・人類天生有生育教養的自然本能，每個寶寶與父母透過相處會產生默契，只要我們先學會讓自己的情緒穩定下來，並用心欣賞寶寶的一舉一動。

分轉換前，必修的第一課，就是學習讓情緒安定下來。

當然，不同的社會環境和人文習慣會衍生出相異的教養風格，我們也不適於冒然將西方國家的福利政策套用到台灣社會中。終究，讓育兒知識普及化，幫忙更多的爸爸媽媽們了解兒童發展和心智成長的奧秘，應該是一件值得全民投入更多努力的基礎教育工程吧！

Memory～幸福時光膠囊

趣味小記事

寶貝，把拔馬麻有話說

2 我該不會也有產後憂鬱吧？

「我會有產後憂鬱症嗎？」在生產完後才學著如何照顧嬰兒的媽媽，常在手忙腳亂之於，忍不住擔心了起來⋯⋯。

產後的媽媽們的確很容易有「多愁善感」的情況，有時會無端地感動或傷感起來，即便向來做事明快、理性堅強的女人，在這段期間也可能會發現自己變得比較「情緒化」。在全家人歡喜迎接新生命的同時，媽媽這一方，也需要身邊的人們適當關心和照顧。

許多女性在懷孕時因為荷爾蒙改變，可能會造成易怒、情緒起伏劇烈、容易與最親密的家人發生口角，種種異於常態的表現，經常在事後連當事人也覺得莫名其妙。根據最新的研究已經證實，這是很自然的生理變化造成的影響，無需擔心，只要我們學會體察這些情況，就能設法加以克服它，順利走過身心稍微混亂的過渡時期。

向來個性開朗的朋友說：「我覺得自己那段時間好像變得沒耐心，容易看事情不順眼，也有點多疑⋯」張老師笑著跟我說，她在做月子期間好像變得「哭點很低」，即便連看個電視新聞報導都能流淚。幸好另一伴懂得妻子可能是懷孕造成的生理反射行為，所以能多份體諒，在老婆情緒失控時先讓她適當發洩，然後慢慢引導她轉移注意焦點。

「我發現學習育兒知識真的是相當重要，不只對寶寶有幫助，也是促進家庭和諧的好方法。最近這兩年，一向嚴肅的爺爺也開始和孫女兒開玩笑，這種變化連我老公和婆婆都覺得不可思議呢！」這是台北張老師在接連生兩個孩子回來上班後，分享媽媽經的心得感想。

開朗的張老師因為學習、懂得育兒方法，順利渡過產後壓力的過程，更因為增添了寶寶，而改變家人相處時的氣氛。這就是我希望傳達給年輕媽媽的概念：「當妳覺得心情不好時，其實妳並不孤單。」勇敢接受生命賦予我們的新奇挑戰，一切都會更美好！

許多研究都證實，父親的陪伴對嬰幼兒的身心健康發展很有幫助。有一個1950年開始，經過長期追蹤的研究便已發現，在5歲時有爸爸陪伴並且參與照顧的孩子，長大後要比缺乏父愛的孩子，更具有同理心和慈悲心。

這些研究的對象在41歲時，體驗過較多父愛的受試者也有比較好的社交關係。絕大多數的男性朋友可能永遠無法理解當媽媽的心情，特別在華人的傳統觀念中有人覺得「照顧孩子是女人家的事」。在過去育兒的那些年中，我很慶幸自己能夠得到先生的支持而分擔育兒壓力。

但是即使我們聯手合作，依然無力改變這個普遍的社會現象，所以我們決定，先教導兒子培養更多的同理心，希望孩子能體貼別人付出的辛勞。

「不過是生個孩子吧，也給她找了專人照顧寶寶，嫁來我家算好命，還有什麼好煩惱的呢？」有年輕的爸爸忍不住偷偷抱怨，直率的我當下便請他別開玩笑。女人若是聽到最信任的人這麼說，那麼肯定會叫新手媽媽感覺更難過，平心而論，生產前後的女性確實面臨巨大的身心壓力。

壓力來源則包括：身材外形走樣，生活作息調整和角色變化……，好多事情都需要時間慢慢適應。部份媽媽還必須面對嬰兒是否符合家人期待，寶寶出生後照顧的意見溝通等等，從女兒到媽媽角色的改變與男人換工作的複雜度相提並論，並不會比較輕鬆呀！

萬一發現原本開朗的產婦對許多事情都提不起勁來，且成天吃不下、也睡不著，家人就要提高警覺，透過耐心傾聽和陪伴，可以幫助新手媽媽渡過產後憂鬱感。

根據統計，懷孕中後期就有憂鬱傾向的婦女，產後憂鬱症的比例高達8、9成，過去曾患有憂鬱症的人也易得產後憂鬱症；完全沒有憂鬱症病史的人，也仍有10%發生產後憂鬱。若是憂鬱症的

Magic Tips!
育兒小魔法

- 女性從懷孕到產後期間會因為荷爾蒙改變，而在情緒調控能力上失去平衡。提早吸收一些育兒知識可以減少對未知的擔憂。
- 0～3歲寶寶的媽媽需要家人和朋友的正面鼓勵，以協助她們渡過身心稍微混亂的過度時期。

高危險群，孕期壓力大、支持系統不佳更容易促發各種憂鬱的症狀，甚至與嬰兒殊離，沒有親密感。

所以，我們千萬不能輕忽產後媽媽們的情緒狀況。本書是專為新手爸媽寫的工具書，期盼寶寶的出生能為每個家庭增添幸福和活力，也希望夫妻倆能攜手跨越各個關卡，讓小寶寶開朗的笑聲在充滿愛的家庭中迴響。

Memory～幸福時光膠囊

趣味小記事

寶貝，把拔馬麻有話說

3 0歲；體會成長的奧妙

寶寶出生後，大腦和感覺神經系統還沒有發育成熟，需要依賴大人細心的照顧。敬請期待吧！在照顧新生兒的365天當中，我們可以深刻體會成長的奧妙……

或許您的小寶貝生來就有著與爸爸極相似的濃密眉毛和帥氣眼睛，又有一個和媽媽很像的櫻桃小嘴巴，模樣精緻而討人喜歡。懷裡抱著可愛的小嬰兒，很容易引起女性朋友們發揮無限浪漫的想像力。

「老師，您看這寶寶像誰？這孩子會聰明嗎？」很多人愛這麼問，真叫人難以回答呢！若要說起育兒經驗也算個過來人，我就給比較熟識的朋友講些實在話：當爸媽首先要體認一個事實，眼前這個天使般的小寶貝，會以自己的步調長大，會有屬於他的個性和興趣，有天他將成為一個和爸媽有點兒像，但是卻很不一樣的獨立個體。

小時候不管他像誰，也不論這個寶寶長大是否聰明，我們要珍惜。總之，我相信寶寶長大後會最像他「自己」。

你我都還在學習如何當個有智慧的父母，不管孩子今年3歲、13歲或者23歲，我們得要小心點，別將自己未完成的夢想投射在小孩子的身上。

為人父母最大的任務，就是在他需要的時候，引導孩子發揮潛能走向正確的方向。若是可以調教出一個通情達理的孩子、成功後還懂得回饋社會，那真是無比偉大的成就。

從你打開這本書開始，估計再不到十年的時間，寶寶就可能長得比媽媽還要高大了；但無論過了多少年，在父母的眼中，孩子依然是放心不下的心頭肉。

青少年時期，寶貝將會關注自己和朋友更多，直到長大成人以前，父母必須讓孩子具備獨立生存的能力，我們必須留給孩子的最大的寶藏，不是有形的金錢財富，而是「解決問題的能力」。

而我們必須明白：「能力」是日積月累一點一點形成的，小寶貝如果沒有按照進度慢慢成長，絕對不可能在一夜之間就變成熟，所以教養子女並不需要過度擔心，而當然也不能放任、寵愛。

這是一個講求科學證據的時代，特別是習慣以理性思考和做事的爸爸媽媽，總會希望做有根據的事。照顧寶寶這件事是很難強加控制的，遺傳、教育、環境、文化等等外在的變動因素太多，親子互動時，我們必須有彈性調整的心理準備，因為小嬰兒不是光說道理就能講得通、記得住的，所以要先懂他們才能輕鬆教得好。

養育寶寶是份消耗體力和耐力的工作，請在照顧嬰兒時更要愛護自己，爸爸媽媽必須先相信自己有能力教出優秀的孩子，學習以「欣賞」的角度來看待寶寶在不同月齡身心變化所代表的成長意義；在教育心理學上，持有這種正向思考的態度具有強大的作用，專業學理上稱為「比馬龍效應」，這種效應又被稱為「自我應驗的預言」或「教師期望效應」，意指家長或教師對孩子的期望可能影響其行為以及智能，當我們期待他們有較進步的發展時，那些幼童們就有較高的機率出現如你所願的成長。

生命中的前三年，是建立親子關係最重要的時期。多數爸爸媽媽在生活中有太多的事情都要同時顧及，所以何妨將這本書當成小品短文來閱讀，想像一位熟悉的好友陪您談談天說說故事。在寶寶熟睡時，翻開您感到好奇的問題輕鬆想想，或許您會突然驚喜地發現：在不知不覺當中，小寶寶與您自身又進步了一點點！

Magic Tips!
育兒小魔法

- 寶寶的一舉一動都有其原因，0歲寶寶不會說話，然而我們可以透過觀察來認識他。
- 請學習以欣賞的角度來看待寶寶在不同月齡的身心變化所代表的成長意義，不要急於讓孩子們提早學會什麼技能，才能真正享受親子遊戲的樂趣。

4 0歲寶寶的動作發展

中國人計算年齡時，常會有使用「虛歲」的習慣。寶寶出生後，只要過年就多1歲，在婆婆媽媽之間討論起孩子多大時，常常會發生誤解而產生不必要的誤會。

生活中，人們也會不由地討論起誰家的小寶寶多麼擅長講話，又是多麼聰明靈俐……。但人們可能容易忽略，在這些情境下，會造成神經敏感的新手媽媽感到緊張，身為母親不喜歡自己的孩子顯得不足，但若聽聞同齡的孩子會什麼而自家孩子還不會，內心總會產生疑惑。

為了減少誤解，以寶寶的足齡來討論是比較客觀的，因為在寶寶出生後的第一年，每個月的發展都有很大的改變。舉例來說：照顧者如果以為小寶寶還不會翻身，把寶寶從手上隨手放下來，只不過是暫時起身拿個東西，下一刻便可能見到小BABY從沙發上頭滾到地毯上來。

其實這樣驚險的狀況經常發生在新生兒的家中，只是多數的寶寶因為身體被層層包裹住而沒有受傷，造成意外傷害的比例不算太高，但我們千萬不能夠輕忽居家安全的所有小細節，以免造成寶寶骨折或頭部撞擊。

 寶寶是如何長大和學習的呢？

古今中外想探索人類心智成長的學者很多，其中不乏有哲學家、心理學家、教育家或醫生及大腦神經科學等專家，他們各自在專業的領域中進行長期的研究，希望能找出提升人類智慧的答案。

廿一世紀的父母有豐富的資訊可以做好育兒的準備，而不需要從錯誤代價當中再獲得經驗。關於寶寶的學習成長與發展過程，我們可以從瞭解人腦的發展得到更多答案。

大腦控制人的行動和思考，但是其構造和感覺神經系統透過肉眼是看不到的，科學家們研究發現，寶寶剛出生時的視覺、聽覺的神經系統還不成熟，所以寶寶無法看清楚，也不能分辨複雜的聲音，連翻身運動都得經過幾個月時間，但從出生的那一刻起，寶寶的大腦已經開始忙著學習。

根據專家研究，大腦內的神經細胞在出生後就已形成了，但是決定一個人動作反應好不好，則與大腦皮質層各功能區的神經細胞突觸連結是否緊密有關係。

新生嬰兒的腦細胞突觸連結多呈現出較稀疏的狀態，而主動性的視覺、

Magic Tips!
育兒小魔法

- 每一個寶寶學會走路或說話的時間快慢，主要與大腦中感覺神經發育的成熟度有關，而在動作、情緒和智能發展方面也有彼此牽制引動的關係，所以培育健康的寶寶必須要重視身心發展的平衡。

聽覺、身體動作的刺激都可能促發它們相連結，隨著年齡和經驗的逐漸增加，突觸會形成一個緊密的網絡。

此種突觸連結在青少年時期會有個重整的階段，在大腦神經網絡沒有穩固形成之前，幼兒會有聽懂但無法開口說，或動作不夠精準的行為產生，也是因為生理發育尚未成熟，這些人類發展的必經歷程，父母是急不得的呀！

Memory～幸福時光膠囊

趣味小記事

寶貝，把拔馬麻有話說

5 為什麼要注意嬰兒的動作發展？

兒童發展有一定的步調，所以無論是在亞洲或歐美任何國家的小嬰兒，雖然父母照顧的方式不太相同，自出生到能坐、爬、走的時間前後不會相距太多。這是由於人類生理發展有必經的過程，就如同植物成長一樣，不能為了加快成長速度而「揠苗助長」，但是如果幼兒的動作發展落後太多，就需要父母特別關心和重視了。

嬰兒的反射性動作

嬰兒出生後會有些原始反射性行為，是腦部發育的早期徵兆。舉例來說：剛生出來的嬰兒就會有吸吮的能力，嬰兒的「探索反射」讓嬰兒在母親餵乳時會自動轉動、張開嘴巴開始出現吸吮的動作。

此外，當嬰兒感受到突然的聲音或動作時，會有驚嚇的反射（摩洛反射）動作，寶寶會在瞬間同時把雙腿、手臂和手指伸展開來。這些平凡的小動作，其實都是代表大腦感覺神經系統發育正常自然動作，也是專業衡量鑑別嬰兒健康與感官功能的眾多方式之一。

雖然爸媽無法快速學會嬰幼兒發展的原理，但是我們仍然有必要在居家照顧時，定期觀察嬰幼兒的動作發展情況，調整照顧和親子互動的模式，用更輕鬆的方法來讓寶寶接觸到比較多樣化的感覺經驗，就可以刺激大腦內神經細胞突觸連結，幫助寶寶累積正確的感覺經驗值。

動作發展的順序

嬰兒先發展頭部，在胚胎時頭部、腦和眼部是最早發展的部位。出生後的嬰兒也要先能夠轉動頸子，以自身的力量挺住佔有自己身體一半長的頭部。2周歲以後一直到成人，我們可以發現頭部相對於身軀的比例會愈來愈小，腿部相對於身體的比例就慢慢變大。

通常健康的嬰兒自己就有移動身體想要去向外探索的本能，寶寶出生滿3個月之後的動作變化就更多了，也開始會發出聲音吸引別人一起玩，注意聽熟悉的音頻……。

最近的研究發現嬰兒確實有學習和模仿的能力，在長期的觀察下，我們可以看到嬰兒接收外界訊息的感覺神經系統開始快速發展，他們對外界的聲音、影像、氣味都有反應，短期記憶也慢慢地形成當中。

0歲寶寶的心智發展正要展開，但這時候寶寶必須透過動作來接收外部的訊息，經由身體的感覺來學習，並且認識這個世界。

6 重複的無聊動作要不要改？

「寶寶一直吃手指頭，請問有什麼好辦法可以戒掉嗎？我擔心女兒現在不改長大會養成壞習慣。」

「最近寶寶很愛亂丟，東西玩掉了就叫，重複撿起來交給他，可是不到一分鐘又丟下去……」

「這孩子愛整人嗎？打他小手也不怕，該如何教導寶寶要好好愛惜東西呢？」

類似的疑問常常讓0～3歲寶寶的媽媽煩惱。由媽媽的話中我們可以感受到「望子成龍」的心，想做好教育的責任，對不如預期的結果感到失望，這是很正常的情形。

新生兒給家人帶來的興奮感也有「蜜月期」，寶寶動作發展開始進步後，接下來就會有憂喜參半的複雜心情。所有的大人都想教出有禮貌的好孩子，所以才會努力在「放任」和「管教」之間找出平衡點。

而在陪伴自己兒子或觀察其他小寶寶遊戲時，我便深深領悟到，很多爸媽所陳述的「孩子講不聽」或「莫名其妙找麻煩」的小動作，若以大腦神經生理發展的角度來看，就會變得合理許多。

嬰幼兒有哪些動作只是階段性的過程？又在何種狀況就需要特別關心呢？

下表提供爸媽一種簡單的思考方式，我們可以先就發生的時間是否在合理範圍內，做冷靜的觀察，或許就能更坦然理性的看待，原來寶寶所造成的生活上不便，只不過是一段成長必經的過程罷了。

在本書的【親子家庭遊戲】單元中有專為不同月齡寶寶設計的遊戲，就是以嬰幼兒發展和其身心需求為主，而規劃的親子活動。

與寶寶玩遊戲時，我們要掌握的第一個重點，便是營造舒適安全的感受，因為情緒具有一定的感染力，小嬰兒可以敏銳的接受到照顧者的情緒狀態。

做為小寶寶的爸爸媽媽，當然都希望他們能開心成長，一見到寶寶燦爛的笑容，所有育兒過程的疲憊或煎熬，都彷彿獲得了犒賞。您知道該如何培養一個快樂開朗的小寶寶嗎？下一篇，我們來談談0歲寶寶的情緒發展。

Magic Tips!
育兒小魔法

- 嬰兒的頭部保護非常重要，因為大腦當中複雜的神經細胞和血管組織還沒有發育成熟，經不起外力碰撞或大幅度的晃動。
- 在爸爸媽媽和寶寶玩的起勁時，更千萬要記得這個原則，絕對不可將未滿週歲的寶寶高高舉起再突然的放下來。

寶寶必然會有的發展動作

0歲嬰兒常有的動作	出現期間	輕鬆看發展
愛吃手指（腳指頭）拿到東西就放嘴裏咬	發展較早的寶寶：5m～10m左右 普遍：7m～12m左右	・口觸覺學習期。 ・主動尋求觸覺刺激。 ・寶寶正在建立身體形象認知，學習控制四肢運動。 ・發展較快的寶寶會很快進入更成熟的階段：用手的觸覺或眼睛看就可以正確分辨東西能不能吃。 PS：滿2歲時若見到新玩具還會先咬，請注意了！
重複丟東西	9m～11m左右	・手掌以及手指頭已經能由意識控制伸展和緊握。 ・對能發出聲音的物品有著高度興趣。 ・會重複想要操弄物體，對經常出現的情境開始能夠產生記憶。

照顧／理性觀察

- 屬於一種發展階段性的動作，無需強迫糾正或者禁止，多多注意手指的清潔度。
- 注意居家物品的收放位置，不讓寶寶輕易拿到。
- 選擇安全玩具，定期做好消毒。
- 若停止一段時間後突然再發生咬玩具的動作，可以觀察近期寶寶是否有情緒適應不佳的情況。
- 若超過正常時間還持續發生，建議安排專業兒童發展評估（可洽詢台灣各大醫院的兒童心智科）

- 把家中易碎的物品收好，寶寶丟下能發出聲響的玩具會更愛重複同樣的刺激。
- 準備一些寶寶能用手按壓或旋轉的玩具，設法轉移寶寶的注意力。
- 不要在撿回東西後和寶寶嬉鬧拉扯，寶寶會誤以為丟東西的動作是大人也喜歡的遊戲。

7　0歲寶寶的情緒發展

「寶寶好像比較喜歡白天照顧他的阿姨，反而不喜歡給媽媽抱。我真的好難過唷，看到寶寶和別人相處，比跟親身媽媽我本人還親密，實在無法接受，我正在考慮是不是該要換個保母，您覺得呢？」

別為了一時衝動而突然換新保母，寶寶會有分離焦慮和陌生人焦慮是正常的現象。如果您想和寶寶建立親密的親子關係，那麼「花點時間」是必要的。

建議您耐心地跟保母，或相處時間比較長的照顧者請教她是如何看懂寶寶需要什麼？寶寶又有哪些較特定的喜好或習慣？畢竟富有經驗的照護人員們，在細節方面自然會有較敏銳的觀察要領。

大人都知道「喜、怒、哀、樂」所代表的情緒意義，但嬰兒並不會因為被罵而停止哭鬧，對於理解能力尚未形成的寶寶而言，他們並不會懂得「討厭」某個人或「特別喜歡」某個人，所以先不要情緒化地解釋寶寶的行為反應，讓自己白白操心。

在出生後的前半年，嬰兒所表現出來的「哭」、「微笑」等臉部行為反應，通常只是因為寶寶的感覺神經系統接受到刺激所引發的動作。

舉例來說：寶寶會因為聽到突然很大聲的聲音而哭泣，這時的哭聲沒有害怕的意思，只是單純因為聽覺刺激太強烈的神經反射。

「這寶寶感覺好像特別愛哭，是不是脾氣不太好呀？」大人常有的教養迷思，有時候真會讓還不會說話的小寶寶被誤解了，眼前是個天真可愛的小寶貝呢！就端看我們能不能懂得引導他。

當我們已經知道，嬰兒是受到身體感覺神經系統的刺激影響比較多，就能進一步理解，寶寶會以不同的哭聲來傳達他究竟「想做什麼？」。

在健康的狀況下，多半是餓了、尿布溼了、想引人注意、姿勢不舒服無法調整、希望抱抱，而大人卻一直無法去滿足他的需要，所以才會以哭聲來表示；照顧者如果能適時的回應寶寶，可以讓寶寶建立安全依附感。

聽到寶寶發出訊號時可以和寶寶說話，媽媽可以說：「寶寶等一下，媽媽把東西收好就過來。」

別以為小嬰兒年紀還小就聽不懂，只要願意發出聲音和寶寶互動，其實寶寶可以暫時等待1、2分鐘，讓照顧者先把手邊的工作整理好。

可是如果大人長期冷默地對待嬰兒所發出的訊號，那麼小寶寶就只能用更強烈的哭聲來獲得注意。

「延遲等待」的能力是寶寶情緒發展轉變成熟的象徵，研究人員發現，幼兒時期較能忍受等待的寶寶，長大之後的相關學習和情緒的表現較穩定，而與比較衝動而無法等待的幼兒相較會有差別。

照顧0歲寶寶時，就是要勤於「動」，白天不管讓寶寶一個人玩或出門散步，都比放在單調的房間靜靜躺著還好。

在過往的觀察個案中，我會那些對太過安靜、成天躺著而缺少反應的嬰兒比較擔心，希望媽媽願意花更多時間激起寶寶對外界「有回應」。

因為在正常的發育下，嬰兒會自然而然發展出好奇心，對外在的環境有探索的動機。

簡單來講，寶寶帶有一點小小的「頑皮」性格是好現象，表示這孩子的腦子內部正在熱絡地活動著，而不是被動地等待外界來刺激它。

以大腦發展的原理來看，親子互動時，得按部就班、定下期許：首先讓寶寶的大腦和身體靈活起來，下一步才期許寶寶懂得說話表達和守規矩。

Magic Tips!

育兒小魔法

- 新生的寶寶用哭聲來表達生理需求，有經驗的照顧者較能分辨寶寶不同聲音所代表的意思。
- 若大人長期冷默地對待嬰兒發出的訊號，小寶寶只能用更強烈的方式來獲得注意。

8 表情豐富的模仿高手

嬰兒是天生的模仿高手，如果平時經常和寶寶一起玩，我們就可以發現嬰兒會模仿爸爸媽媽的表情，當你對寶寶伸出舌頭，寶寶也會跟著做，就如同在照鏡子一樣有意思。

人類的大腦內有種「鏡像神經元」的神經細胞，它可以讓寶寶模仿對方的臉部表情或肢體動作，所以在嬰兒時期，若每天可以近距離和寶寶面對面說說話，無論對視覺、聽覺都有相當的幫助。

寶寶每天都在默默的觀察和學習大人的表情、動作，連說話的語調和表達的口氣也會透過敏感的聽覺而吸收進去。雖然每個寶寶可以開口說話的時間前後相差將近半年，可是我們可以觀察到通常10～11個月的寶寶已經能聽懂，並且用搖頭或點頭來表示自己「要」或「不要」。

寶寶的心智發展時間在最近的研究發現，比過去認為的更早。嬰兒只是暫時還不會說話，但他們已經開始學習了，爸爸媽媽要懂得調整自己的情緒，經常以開朗和樂觀的態度看待一切人事物。如此一來，在潛移默化的生活當中，就能自然培養出笑口常開、舉手投足都顯得彬彬有禮的小孩子。

9 寶寶耍脾氣哭不停怎麼辦？

當寶寶無法控制情緒而哭鬧不停時，大人反而更要冷靜下來，溫和而堅定的表達我們的關心，想辦法去轉移寶寶的注意力。有些人不懂得要如何轉移其注意力，當寶寶哭鬧時就問他：「小寶貝你怎麼了？你到底想做什麼？」寶寶因講不清楚當然持續哭個不停，於是大人忍不住越問越急，講話聲音更大過哭聲，於是兩人都呈現失控的狀況了。

遇到寶寶突然大哭，先檢查是否受傷或身體不適……。如果一時之間都找不到寶寶會哭的原因，可以先將寶寶抱離哭鬧的現場，或許剛才有某種聲音或視覺刺激對這個嬰兒是超出可以接受範圍，而他還沒有調整適應好，自己又無法在短時間控制生理的反應，所以才會哭到停不下來。

表達情緒的方式有很多，我們還可以教寶寶用表情、動作配合聲音來和別人溝通。拍手表示「開心」或「鼓勵」，點頭表示「謝謝」，搖頭表示「不要」，左右搖手是「危險／不可以」。有很多方法可以讓還不能使用語言的嬰兒開始做人際的互動。

10 0歲寶寶的語言發展

幼兒習慣透過聽和說的方式來學習，因為閱讀需要更多的耐心和理解能力。能夠簡單表達自己的想法，並快速講出重點的人，相對也比較容易獲得別人即時的回應。

有些孩子懂很多，或許他們用文字來表達的能力比說話更強，但口語表達不夠強就容易吃悶虧；在親友聚會時我們也常發現，能言善道的小孩很吃香，能快速成為眾所注目的焦點，得到大人更多的稱讚。

即使是爸爸和媽媽都不習慣在公開的場合講話，小孩也可能隱藏語言方面的學習潛力。

並不是每個人天生都很會說話，後天環境和學習引導能造成很大的影響，只是語言發展有個過程，雖然說急不得，但也不能忽略而不教。

嬰幼兒時期是語言學習的關鍵期，錯過6歲之後才發現孩子說話表達比同年紀慢才來補強，往往就會事倍功半。

如同前面提過，寶寶具絕佳的模仿能力，所以從出生之後，我們就該經常和小寶寶說話，不要錯過這個對聲音敏感度發展快速的好機會。

早在30多年以前，研究人員將一群出生不久的嬰兒做實驗統計：他們給嬰兒吸吮奶嘴，就觸動一段媽媽唸故事的錄音或陌生女子的錄音。

結果寶寶在聽到母親聲音的錄音時吸吮奶嘴的動作，比聽到陌生女子錄音時，動作多出百分之24，顯然寶寶對習慣的聲音會有偏好。那麼想想，如果寶寶與家人學講話時溝通比較容易，和陌生人互動時反應較少，需要多一點時間來適應也就不足為奇了。

很多關於寶寶學習語言的研究都發現，讓寶寶和家人講話，同時間看到家人的表情和動作也很重要；如果只透過撥放單調的錄音而想讓寶寶自己學會多國語言，缺少人陪同互動的情況下，學習的效果是極為有限的。

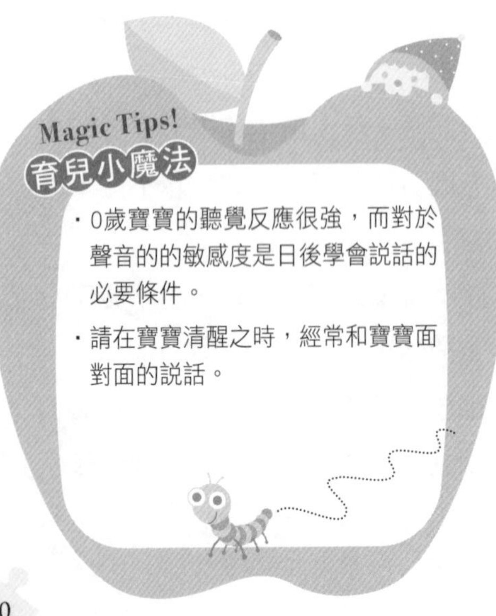

咿咿呀呀學說話

和語言發展相關的表現	在兒童發展上的意義
能聽見不同聲音或音樂	寶寶有正常的聽覺辨識和聽覺記憶能力
能發出不同聲音與人互動	寶寶已具前語言期的學習能力，能呀呀學語、模仿聲音
聽懂大人簡單的指令	寶寶和照顧者間已建立很好的安全信任關係，且語言理解力佳
可以用肢體語言來表達意思	寶寶心智發展，已經開始進行有意識的學習行為
會正確的叫爸媽	能夠學習指認物品，開始會分辨人
會説單字	快速發展聽和説的能力，可增加仿説的互動練習

Chapter 2

1歲寶貝 勇敢跨步的實驗家

嬰幼兒時期在和諧家庭成長的寶寶，若父母雙方都採取「開明教養」態度來教育孩子，這些孩子在長大之後會有相對更穩定的人際關係、學習能力和適應能力也比較好。

- 每個家庭有迥異的生活方式，照顧寶寶也有不同方法和觀點。
- 放下原生家庭留下的既定印象，減少一點堅持和爭論。
- 任何一件大人習以為常的東西，都是小寶寶想要研究的對象。
- 孩子的大腦累積足夠的經驗，才能發展出良好的應變能力。
- 不要太早就讓寶寶依賴被動式的活動。
- 寶寶跌倒或撞到桌椅，無論我們多心疼，都要深呼吸不慌亂。
- 大人得有耐心，容許寶寶在操作的實驗過程中犯一點點失誤。
- 寶寶有很好的觀察模仿能力。
- 再累也要學習調整自己的情緒表現，要記得經常保持微笑。
- 說話是透過日積月累慢慢學來的，爸爸媽媽就是最好的老師。

1 孩子需要的到底是什麼？

家裡的人最近為了「該不該限制寶寶的行動？」而意見紛歧，真讓我左右為難呀！

長輩對孩子都有「望子成龍、望女成鳳」的期待。中國人「傳宗接代」的想法更是歷經千百年難以改變，在每一個家庭中，嬰兒理所當然成為眾人呵護的無價珍寶，一舉一動都受到放大鏡的眼光來看待，深恐沒能給寶貝最好的照顧，所以舉凡寶寶每天睡多久？吃多少？吃什麼？都可能成為左右大人心情好壞的因素。

在過往的經驗中，我發現到家人為了寶寶的照護和教養問題產生不少家庭糾紛。

寶寶的誕生，讓家庭中燃起了未來的希望之火，但若沒有好好的溝通，也容易因為一點點意見分歧而擦出火花。

Magic Tips!
育兒小魔法

・寶寶成長所需要的養份不單靠食物就足夠，例如：在陽光充足的情況下，人體自身可以合成維生素D_3，偶爾帶寶寶到戶外散步對骨骼發育就有益處。對大腦來說，不同的感覺刺激經驗也很重要，這種無形的養份需要透過遊戲而來，吃再多的東西也得不到。

平心而論，每個家庭都有迥異的生活方式，照顧寶寶自然會有不同的方式和觀點，在現今這個種族大融合的時代，異國婚姻和遠距戀愛所組成的家庭逐增多，由此可見，育兒習慣有不同的地方就更加不稀奇了。

中外的研究都提出證據說明，嬰幼兒時期在和諧家庭成長的寶寶，若父母雙方都採取「開明教養」的態度來教育孩子，這些孩子在長大後會有相對更穩定的人際關係、學習能力和適應能力也比較優秀。

因此，爸爸媽媽有必要放下原生家庭留下的既定印象，減少一點堅持和爭論，理性開放的來思考：孩子真正需要的照顧是什麼？

2 為什麼1歲寶寶總愛翻箱倒櫃製造混亂？

當小寶寶能夠放開媽媽的手，獨自踏出第一步開始，他眼中看到的世界更廣闊、更新奇了……幾乎任何一件大人們習以為常的東西，都是小寶寶想要研究的實驗對象。

寶寶開始拿來咬、用力的敲打、不斷的打開又關起來，小人兒精力旺盛，除了吃飯和睡覺之外，整天忙個不停。若瞭解寶寶的發展過程，我們便能安心地看待這一切，再透過輕鬆好玩的遊戲互動，讓寶寶建構出聰敏的大腦。

我們一直希望爸爸媽媽能透過簡單的遊戲來增進親子間的親密關係，因為透過身體觸覺的接觸，讓寶寶看到表情和說話的聲音，實實在在的人與人互動，才是最符合寶寶大腦神經生理發展需要的感覺經驗刺激。當孩子的大腦累積足夠的經驗，才能做出正確的判斷，發展出良好的應變能力。

「媽媽哪有像你這麼好當的，就只會坐在旁邊看，大人只是隨手弄一下不是更省時嗎？」這句話是好多婆婆媽媽的心情，通常大人看到寶寶一直在重複簡單的動作，就立刻忍不住出手幫忙，他們總希望能「教」寶寶做好。

事實上，小寶寶確實需要經過反覆的練習來讓身體動作的協調度更好，寶寶之所以「不會做」或「做不好」，通常只是缺乏練習的機會，照顧者有時並不知道什麼時候該放手讓寶寶自己來。無論像走、跑、跳這樣的身體大動作發展或精細動作，都必須每天練習才會熟能生巧。

以輕鬆的心情，靜靜欣賞寶寶每次成功展現出來的喜悅表情，做好時給他熱情的拍手鼓勵；寶寶做不好而生氣時，就給他一個肯定的微笑，用堅定的眼神鼓勵他再試一次。

Memory～幸福時光膠囊

趣味小記事

寶貝，把拔馬麻有話說

3 1歲寶寶的動作發展

都會走路了，還要在地上爬來爬去嗎？

大部份的嬰兒在學會爬行後，再過1、2個月便能用手捉住固定的支撐而站立起來。無論寶寶是否已經學會走路，雙手和雙腿四肢並用的「爬行運動」對嬰幼兒很重要，很可惜很多人不知道其中的奧秘，照顧者經常會忽略爬行的好處，而以孩子很早就會走路而引以為傲。

「地上不乾淨，將寶寶放在學步車內，寶寶想到哪兒只要小腳一勾就滑過去，你看不是方便多了嗎？」給寶寶設計一部裝有輪子可以滑動的座椅，真是個好點子。

想一想在以前當大人有忙不完的家事又必須照顧嬰兒，將寶寶背在背上到處走，有了這些新發明的輔助工具的確讓媽媽減輕很多壓力。

現代人腦子動得快，確實發明了很多新產品，可是這類方便大人的東西，最好在必要時才使用，不要太早就讓寶寶依賴被動式的活動；許多媽媽都會問：「和寶寶玩什麼才好呢？」真正有助於寶寶動作發展的活動，要以待寶寶自發性啟動的比較好，而不是被動的重複性訓練，因為來自於寶寶感覺需要，想辦法支配自己的肌肉運動，才能達到感覺統合刺激的目的。

「老師您看，我家寶寶是不是有過動症呀？每次見到別家的寶寶能配合媽媽一起上課，我兒子就是不肯配合，真是叫人沮喪……」

這些年，嬰幼兒早期教育受到普遍的重視，不少媽媽希望可以給寶寶最好的教育和資源，在各大城市開始出現許多嬰幼兒體適能場所，第一次當媽媽總是愛子心切，看到別家孩子去上課自己也跟著緊張起來，心中掛念著：「寶寶不去上課萬一跟不上別人怎麼辦？」

「我不認為沒有上過早教課程的寶寶，將來就會跟不上別人，兩者沒有絕對的關聯性。」個人向來不贊同隨便引用片段的專業知識來造成媽媽們的恐慌；一個有責任心的教育服務工作者要設法指點出來明確的方向，而不是反而給媽媽增加育兒困擾才好。

對1～3歲的寶寶而言，最重要的是有一個安全的遊戲空間，在這個環境中若能夠有經驗豐富的專業老師指引，或許可以避免親子間因為不懂互動方法而產生挫折感。然而，不同的家庭有不一樣的基礎條件，教養這件事本來就是很有彈性的，寶寶可以獲得經驗的學習管道並不只有一種，其實仍以每日的生活學習最為重要，家是寶寶第一個教室、父母和家人是寶寶最好的啟蒙老師。

我們確實投入了十年以上的時間，專研親子遊戲要如何進行會更好，因為我做對了一些事，如今才能成為負責培訓和管理親子教室的高層主管。

回憶起當年，我們是為了解決一般家庭中的活動空間的不足，或不懂得如何和寶寶互動的問題而投入這工作，前些年並不知道可以得到多少的回響。這兩年走在路上，偶而被曾經認識的媽媽和身旁的青少年叫住，告訴我多年以前那段經驗給孩子和家庭帶來的改變有多棒，是最大的成就感。

「參加任何課程都是為了幫助媽媽和寶寶更好，絕不是為了跟別人做比較才來上課。」我和老師們會請媽媽先冷靜想一想：為什麼想安排寶寶一起去上課？而寶寶在上課時的配合度好不好？知道老師和陪同上課的大人要如何一起調整改善嗎？你們期待經過多久可以改變現況？……這些都是值得深思的問題。

4 1歲寶寶玩什麼最重要？

1歲開始，若寶寶的活動量變多是好事情，當我們看見寶寶願意站著玩，就先別叫他坐下玩；當寶寶想要自己走，就請不要堅持抱起來才安全。

走不穩的孩子，有可能是平衡感不夠或肌肉張力不足，肌耐力和張力都需要鍛鍊，所以走不穩就要鼓勵孩子多走，寶寶很喜歡在斜坡上來來回回的快走，或拉著重物走路，而這些行為都是幼兒在尋求感覺運動的刺激。

照顧者做好安全保護就夠了，若想帶寶寶到戶外散步時，請給寶寶準備包覆度較好的鞋子，避免只穿涼鞋或拖鞋運動。請記得隨身準備醫藥護理包，因為剛學走路的寶寶常會跌倒或撞到額頭，鼓勵寶寶自己站起來，同時，觀察肢體動作時的穩定性，並檢查碰撞的部位是否需要擦藥，清潔後若沒有外傷可稍微冰敷處理再繼續活動。

寶寶好動而跌倒怎麼辦？

寶寶小時候跌倒或撞到桌椅是常常發生的事，無論我們多麼心疼，都要深呼吸努力冷靜下來而不慌亂。由於情緒的表現具有渲染力，例如我們看到別人哭，也會忍不住想哭，小寶寶很可能因為疼痛感而哭，但他們哭的程度和時間也很容易被轉移開來。

大人首先要表現出同理他的感覺，稍作安撫後，就轉移他的注意力。當寶寶看到爸爸、媽媽微笑的表情，他心裡的安全感就自動提升。

我們可以在事後想想有什麼原因會讓寶寶一再跌倒，是否寶寶遊戲和活動的環境空間的安全性必需調整改良？若是寶寶常因為身體平衡感不佳而跌倒，反而要找時間增加練習的次數，才能讓身體協調性變好。

如果經常在孩子的面前強調受傷的事情，或者彼此追究「為什麼這麼不小心而讓寶寶受傷？」在孩子的心理方面，可能留下錯誤的印象或負面消極的情緒記憶。

而且當孩子的大腦一再無法滿足想摸、想聽、想看、想動一動的感覺刺激，便可能衍生許多大人看起來誤以為是「調皮搗蛋」的不合作表現。

Amy能記得奶奶教的事，真好！

「Amy不可以站高高，不可以跳下來！」快要過2歲生日的Amy拒絕像其他小朋友一樣讓老師牽著雙手跳進球池玩。從這小女孩的眼神和表情看得出來，她也覺得前面的小朋友跳進球池的動作很有趣，可是嘴巴卻一直說「Amy不可以跳」、「小朋友不可以站高高」……。

很明顯的，Amy一直在壓抑自己的本意。我刻意先讓她看看其餘三位小朋友安全的在球池中玩，接著問：「為什麼小朋友不可以站高高呢？老師站在下面保護很安全的對不對？」完成動作的小朋友都點頭如搗蒜，大家再次邀請Amy也快點進來玩。

Amy走近一點，身體倚靠著球池四周的軟墊，搖著頭說：「Amy不可以站高高，奶奶說從高高跳下來骨頭會斷掉。」我終於明白Amy拒絕配合遊戲的原因了：想必這個未滿2歲的寶寶經常被禁止活動。

從她進來後一連串的動作反應來看，Amy是一個語言表達力很好而且活力旺盛型的女孩。當下出現一個念頭：「該不會Amy奶奶常常嚇唬她，希望孫女能夠文靜端莊一點兒才好？」確實是有些長輩會認為男孩好動正常，不過女生「就要有女生的樣子」，所以會對小孩使用善意的恐嚇，希望他們可以有所驚惕。

「Amy真是好孩子，妳都能記住奶奶教過的事情，老師找時間打電話告訴奶奶說Amy最聽話守規距好不好？」Amy露出滿意的微笑。「妳看這球很多，所以從旁邊跳進來不會很高，老師和小朋友都在裡面玩，這兒很安全的。」Amy眨著眼睛沒有回答。

「要不要試一下，Amy爬上來站好，然後老師牽著你的手跳下來？」Amy聽了很快的自己爬上來，身手矯捷的一躍而下—Amy能接受比同齡小朋友更刺激的運動，具有這種的生理特質若配合適當的引導，長大後將會偏向是一個運動型的陽光女孩而非弱不經風的女子。

客觀的說，Amy並非恐高而拒絕配合活動，而是因為長期被大人限制活動，才會深深記住從高處跳下來就會發生危險的警告，這寶寶的語言理解力發展比較好，而且很希望被別人認為是個乖巧的小孩，所以才會刻意壓抑自己想玩的衝動，一直不斷的大聲告訴自己「Amy不可以……」。

1～3歲寶寶普遍需要大量的動態遊戲，照顧者要多多鼓勵寶寶展現潛能，才能幫助寶寶建立自信心，適當的運動有益於心肺呼吸的調節，一個從小培養起運動習慣的人，身體站、走的姿態也比較挺直，維持身體姿勢的肌肉拮抗力也會更好。

當我們和Amy家人溝通過後，奶奶和媽媽都能配合，不再繼續限制Amy的行動，反而每天在家進行10分鐘以上的前庭和身體協調性遊戲。

大約經過半年後，Amy的媽媽跟老師提到女兒進步很多，現在奶奶好喜歡帶她去串門子，因為這孩子能動能靜，無論走到那兒都受人歡迎，小小年紀還懂得邀請剛認識的新朋友一起玩呢！

5 1歲寶寶的情緒發展

開始『不要』了！

「最近寶寶愛說「不要」，拒絕大人餵食，什麼都想要自己來，但是又做不好，真叫人傷腦筋呀！」

從兒童發展的角度來看，寶寶1歲以後開始發展「自我意識」，大人們會覺得應該是值得高興的進步，可是在許多大人卻也從此陷入矛盾的情緒當中。

爺爺奶奶所擔心的問題很相似：「小寶寶做不好，食物弄得亂七八糟好難收拾。」、「寶寶自己吃太慢，飯菜涼了就不好吃。」、「吃飯老是到處跑，小孩子又拿著根湯匙，萬一跌倒多危險呀！」

自我意識（self-awareness），是一種複雜心理現象，它由自我認識、自我體驗和自我控制三種心理成分構成。也叫自我認知（self-cognition）。

拿小寶寶來說，從出生到周歲開始，寶寶還需要經過數以百次的動作練習，才開始控制雙腳，學習放手走路，也需要不斷的透過觸覺和肌肉關節的聯合運動，來進行手指頭的抓、握、拿、捏等動作。

為了寶寶好，大人得學會有耐心，容許寶寶在操作的實驗過程中犯一點點失誤，如此一來，大腦才能夠一次又一次的修正自己的判斷和行為。

只有像成人意識到自己是誰，應該做什麼的時候，才會自覺自律地去行動。

可是對於不滿3歲之前的寶寶而言，凡事都是新鮮的，他們才開始要學習分辨「我」和「你」，這就是那自我意識概念形成的開端，也是大腦心智能力開啟的重要階段。

我認識一些資深的幼兒園或者是小學老師，曾私底下與她們請教不同的時代和文化演變下，教學時有什麼不一樣的心得呢？

大家都感嘆：「和十多年前相比，感覺這幾年所教到的小朋友依賴性比較強，而且遇到事情時，就等待大人幫忙，不願意自己動腦子想。」

這是一個值得所有爸爸媽媽正視的問題，因為老師所看到的，是普遍性的「學習動機弱化」現象。

然而，動機不足、沒有誘因或獎勵，就不清楚自己下一步要什麼，只會被動等待大人協助的壞習慣，其實並非孩子到了學校之後才造成的。如果我們追本朔源來思考，內在動機的形成，是從嬰幼兒時期就開始發展，0～3歲時，家人如何對待寶寶，便可能慢慢累積，成為寶寶日後做人處事的行為模式。

當寶寶第一次想自己做時，您是否鼓勵他勇於嘗試呢？或者，您會忍不住一再跟寶寶說：「寶貝你還小不懂，媽媽幫你做就可以……」。

請別再責怪孩子為何不主動，被動的孩子只是太早習慣「不可以亂動！」，他們只是太聽大人的話而已。

「寶寶才1歲6個月，真受不了這樣小小年紀就很好強，只要玩具弄不好就生氣亂丟，這要怎麼改變呢？」「就是講不聽，教不會……是否像他爸爸一樣個性差、脾氣不好呀？還有救嗎？」

現在的寶寶接受語言刺激的機會比較多，在日常生活中也容易獲得視覺和聽覺的刺激經驗，1歲以後的寶寶看到大人做什麼就會想模仿，普遍性來講都讓照顧者覺得這一代的小孩真聰明。

求好心切的媽媽見到寶寶展現出模仿大人的動作，常忍不住想開始教點什麼，不知不覺就給自己和寶寶開始訂下了學習的目標，只是媽媽預期的結果多半是以大人的思考模式來規劃，大人習慣的做事方法，與寶寶的學習模式有很大的不同，於是許多親子互動衝突點就從此引燃。

請記得小寶寶的大腦發展還不夠成熟，記憶能力才剛剛啟動，感覺神經反射動作還沒有完全消失，才會造成寶寶無法克制當下衝動性的行為。

最常見的例子就是「抽紙張」，幾乎每個小寶寶都喜歡將抽取式衛生紙一張一張地抽出來，輕輕一拉就變大的動作給寶寶的觸覺和視覺刺激實在太好玩；只要放在桌上沒收好，小寶寶就能玩得全然忘我，媽媽覺得寶寶太安靜而走近時，寶寶當下才突然發現自己正在做媽媽禁止的事情，還沒開口責罵就先大聲哭起來了。

有些媽媽深怕自己沒有盡到教育子女的責任，帶起孩子會提早想很多，希望可以在孩子犯錯之前先教他。

其實對於語言理解力還不夠成熟的寶寶而言，儘管媽媽耐心地一再講解，其實說話的內容當中，有很多語詞小孩子是聽不懂的；媽媽若採用「動作示範」的效果，肯定會比「用嘴巴講」更有效。

如果還能夠讓寶寶體驗，透過真實的感覺，在大腦留下記憶，就更好。

小寶寶的大腦需要不斷有多變化的刺激才能產生突觸的連結，在感覺通路還未穩固形成之前，我們無法期待兒童可以很快記住爸媽交代過的事情而不再犯錯。

6 觀察模仿，我最行！

「小孩也真是很奇怪，為什麼好的都不學，壞習慣都不用教，自己就學會了。」

每當媽媽忍不住發牢騷時，我就會又想：這一點也不怪，因為寶寶的出生是來自於爸爸和媽媽的基因遺傳，親子之間如果臉型外貌長得相像那是必然的，另外行為和動作的相似也很合理。

至於談及寶寶現在的情緒表現如何？那麼所有的家人和照顧者可都是脫離不了關係呢！

簡單來說，若我們希望寶寶有什麼樣的氣質，就得要先營造出什麼樣的學習環境，有句話說的好：「身教」比「言教」更為重要。

小寶寶有很好的觀察、模仿能力，所以和照顧的人生活久了，自然在舉手投足當中就會有些相似，或許家人不容易發現，但陌生人很快可以從他們說話的語氣和習慣用語，找到其中的雷同和默契。

大人所說的壞習慣，多半是比較明顯的不尋常舉動，而特別的動作或聲音最容易吸引寶寶的注意，所以我們常能見到小寶寶會模仿大人咳嗽、學大人做出抽香煙的動作，拿起上下顛倒的雜誌或書報有模有樣的翻閱著……。

大部份小寶寶的模仿行為只是回憶腦海中曾經看過的畫面和動作，他們還不具備判斷分辨的能力，無法知道什麼可以學？而什麼又是壞習慣不能學。

所以當家中有了新生的小寶寶，每個人都可能成為寶寶學習和模仿的對象。

原來媽媽平時生氣的樣子，真難看呀！

大人在寶寶身上所見到的小缺點，極有可能在自己的身上也有，只不過是平常我們看不見。

不諱言，我也曾經是一位個性情比較急躁的年輕媽媽，身為職業婦女，在忙碌的生活中，多多少少會忍不住去催促小孩動作快一點，所以不知不覺累積了各種情緒，變得萬分焦躁、容易生悶氣。

大約是在兒子小豆才1歲多的時候，我就觀察到這小孩有很好的模仿能力，例如：當小豆一個人玩的時候，他會把填充小熊和電動玩具狗放上沙發椅，然後拿著塑膠製的奶粉湯匙和奶瓶的蓋子，假裝在餵寶寶吃東西，口中還唸唸有詞就像在和玩偶講話一樣。雖然小豆當時還不會說話，但那個模樣就如同大人在和小朋友對話一般認真。

「計劃動作發展得很好」——雖然兩個兒子講話時間都有點兒晚，但是整體看起來腦子動得快，心中暗自開心。自從小兒子出生後開始，每晚睡前仔細觀察寶寶的遊戲過程，就變成我用來做遊戲設計和印證書上理論的最佳時機。

有天晚上，大兒子驚喜的喊：「媽媽～快來看，弟弟太好笑了，他能聽懂我的話變臉，完全不會弄錯呦！」

哥哥牽著笑咪咪的小豆走到我面前來，驕傲地對著弟弟發號司令：「表演笑笑臉給媽媽看。」小豆立刻微笑地看著媽媽。當哥哥說：「哭哭臉」，小豆很快地把眉頭擠在一起，並舉起手做出擦眼淚的樣子……。

哥哥不按規則的變化著「哭哭臉」、「笑笑臉」、「開心」、「傷心」的指令，弟弟果然能夠正確的去變換表情，一次也沒有弄錯。

想不到平時媽媽和弟弟一起看圖畫書，常常教弟弟指出書中情緒表情的遊戲方式，被小學三年級的大兒子發揚光大了。兄弟兩人年紀相差足足有7歲，竟然還能夠和諧地玩起了「聽指令轉換表情」的遊戲，兩人一搭一唱的模樣，實在很有趣，我不禁發笑。

「媽媽的生氣臉！」我轉頭送給哥哥一記白眼，忍不住抗議：「哥哥別亂講，這麼奇怪的指令太難了吧？」

哥哥卻哈哈大笑，因為當小豆聽到「生氣臉」後，不到兩秒鐘就立刻嘟起小嘴、眉頭緊縮，表情嚴肅地瞪著媽媽，然後一動也不動。

「媽媽生氣的時候有這麼難看嗎？」

「哈哈，這是弟弟他自己會的，我是好心訓練他的反應，並不是亂教唷！媽咪晚安，我先去睡覺了。」哥哥覺得玩夠了連忙快跑走，留下可愛的弟弟交給媽媽處置。小寶寶學生氣的模樣實在太可愛了，為此我還特別找了照相機，再請弟弟表演一次好讓媽媽拍照下來。

如今這張「媽媽生氣臉」的照片還隨時提醒著我，即使再累也要學習調整自己的情緒表現，要記得經常保持微笑。

或許大人平時有很多的事要忙，可是千萬不能把負面情緒發洩在還不會完整表達的孩子身上；寶寶能懂得可比我們想像的更多呢！

Magic Tips!

育兒小魔法

- 情緒的理解或表達能力，是在寶寶出生之後才逐漸發展成熟的，大人的說話和表達方式對嬰幼兒會產生長久的影響。
- 我們若經常面帶微笑看著身旁的小寶寶，即使彼此是第一次見面，小寶寶也會不自覺地出現相似的表情唷！

7 1歲寶寶的語言發展

別小看跟寶寶說話這件事

「1歲寶寶連話都不會講，能懂什麼呢？看我姊姊成天對著寶寶說話，這真有必要嗎？」

在兒童發展過程中，嬰兒在1歲半之前正是所謂的「前語言期」。寶寶在「前語言期」雖然還不會講話，但從出生之後的每一天，都在為學習語言而做準備，經常和嬰兒說話是正確的，而且很有必要。千萬別小看常常跟寶寶說話這件小事情，專家們研究過：前語言期文化刺激太少的兒童，在小學階段的語文學習能力有跟不上同齡兒童的現象。

寶寶開口說話的時間快或慢可能相距半年，通常女孩子的語言發展比較快，男孩普遍會晚一些，在女寶寶已經可以跟爸爸媽媽說話撒嬌的時候，不少男寶寶還只會叫「爸爸」或「媽媽」呢！

1歲起最大的變化就是寶寶會走路、會說話，這些改變讓我們在照顧寶寶時增加了許多趣味和驚喜，同時也有需要注意的細節需要觀察。爸爸媽媽都很在意寶寶吃多少？長的好不好？也常詢問給寶寶吃點什麼才能變聰明？

不少人會有「反正多吃總比少吃好」的錯誤迷思，所以聽到媽媽們熱烈討論起「給孩子吃什麼什麼很好唷！聽說人家……平常都是吃這個的……」。

旁觀的我總會感到有些擔心：如果沒有經過專業醫師或營養師的謹慎評估，私自替寶寶額外補充過量的人工化學保健食品，將會造成寶寶體內不必要的負擔，隱藏的副作用則實在難以估計。

在營養均衡的正常狀態下，健康的寶寶可以從天然食物中獲得足夠的營養成份，所以我反而比較常問：「媽媽本身會不會挑食或偏食？」因為挑食的媽媽不會去買自己討厭的食物，寶寶也比較可能會缺少這種食物的營養成份。

我常跟媽媽們分享，若想寶寶更聰明，其實關鍵不在於吃了什麼，而是腦子裏頭裝進了什麼，裝進之後能夠還可以適當運用出來，這樣才能算是有智慧。

寶寶的學習步調每個人生來就不一樣，有些寶寶一兩次就學會、有寶寶需要重複練習很多次，教導起來，必須更有耐心，但是大致上要按照寶寶發展的過程來細心引導，就會比較輕鬆。

8 寶寶到底是如何學說話的？

「寶寶是如何學會講話的？寶寶可以同時學多種語言嗎？」我們都知道學習外語要掌握：「聽」、「說」、「讀」、「寫」這四部份；小寶寶學習語言也大致相似，當寶寶發展出敏銳的聽覺後，就開始學習「聽懂」。

少數孩子天生就有語言的天份，對聲音語言的領悟力很強，同時和不同的家人講不同的語言，但我必須強調：成功被報導的是「少數」。

為了不要造成混淆，首先能聽懂「母語」就足夠了，「母語」是家人最常使用的方言，也就是地方話；寶寶學會用語言和別人溝通，情緒會比較穩定，否則大人猜不中寶寶想要什麼，就誤認為孩子總愛無理取鬧。

在過去十年來，我看到一個社會現象：孩子們口語表達力，其實並不如父母期望的好，因為兒童和大人講話時經常會出現答非所問的情況，而且很多小學生不會自己寫「造句」。雖然媽媽說自己的寶寶才5、6歲便能記得數百個中英文單字，可是我發現這些媽媽和孩子講話只會問「What is it？」，當寶寶正確說出這是什麼就很開心，接著再考一下個名詞……

當我好奇的問：「這個東西可以做什麼？」「它是誰的東西？」「能告訴我它有什麼用處嗎？」小學低年級的小朋友也很難用完整的一句話來說明。因此，回過頭來，我不斷地一再呼籲爸爸媽媽要多和孩子聊天講話。

因為能記住很多「單字」是1～3歲寶寶的學習階段，當我們發現小寶寶能記住名詞和形容詞之後，下一個階段就是引導寶寶講出完整的句子，然後能夠製造更多機會讓寶寶和大人進行一對一的溝通與對話。

Magic Tips!
育兒小魔法

- 教寶寶學說話是有階段性的，1歲前先會聽懂指令、會講單字就算已達到高標準。
- 我們不需和1歲寶寶講長篇道理，因為這時寶寶還無法去克制衝動的反射性行為，爸爸媽媽只需用動作一次又一次耐心的示範如何做才對；這樣才不會自己陷入「總是教不會」的挫折感當中。

9 1歲寶寶能學會什麼？

「這是你的杯子，媽媽用杯子裝水給你，坐下來喝，用兩手拿穩才不會打翻了。」

我會建議給寶寶喝水時，配合動作進行可以講一連串的話，而且要每天講、每次喝水就說上一遍，小寶寶就能認得什麼是杯子，杯子是用來裝開水的，另外喝水的時候要坐在固定的座椅上。

寶寶接過大人的東西要先說「謝謝」，就算還不會講也能夠點頭示意，這也要一次又一次的練習，在生活中隨時把寶寶當成大孩子來說話。大人要用正確的講話方式讓寶寶有正確學習和仿效的依據。

請不要變成大人學寶寶講可愛的「兒語」，例如：「寶貝過來喝水水」、「不吃飯飯等會兒媽媽要打打！」難道大人也跟著寶寶假性退化了嗎？

其實寶寶能夠分辦聲音素質，只不過因為發聲的器官未完成，還無法控制好，所以剛開始學習語言時，才會只能夠發出單音或疊音。

並不是每個寶寶都會有一段講疊字的過程，有些寶寶聽得多，先用單字配合動作來溝通，很短的時間就可以講出一句完整的句子了。

說話是透過日積月累慢慢學來的，爸爸媽媽就是最好的老師，語言指導可以由以下類別開始練習：

實字（名詞）

媽媽、爸爸、阿姨、婆婆、奶奶、我……（稱謂）

牛奶、碗、杯子、鞋子、衣服……（生活用品）

車子、皮球、娃娃、餅乾、不倒翁、火車、熊、……（常見的玩具、交通工具）

虛字（形容詞）

大、小、冷、熱、快、慢、上、下……（形容詞）

謝謝、好、不要、對不起……（情緒表達）

站起來、坐下、躺下、蹲、跳、打開……（動詞）

寶寶先學會很多「實字」，由生活中最常見的人、事、物開始認識，學習認識每種物品都有名稱，接下來必須加上自己經歷過的感覺，才能夠進而理解那些「虛字」的意思，寶寶也因為能夠理解語意，才可以整合所有的語言字彙，在大腦中形成認知能力。

認知包括了「認識」和「知道」兩個層次，當寶寶學會開口說話，我們就要陪伴他一起進入「語言爆發期」展開更多采多姿的生活遊戲了！

Memory～幸福時光膠囊

趣味小記事

寶貝，把拔馬麻有話說

Chapter 3

2歲寶貝
挑戰底線的冒險王

生活步調整整被打亂了兩年多，爸爸媽媽的體力和耐心都在遞減，寶寶反而全身的活動力更旺盛。於是爸爸媽媽開始會要求寶寶安靜點、坐下、不要講話，親子之間的衝突便開始出現。

Listen 文英小語錄

- 2歲多的寶寶常像個小小的糾察員。
- 2足歲之後的寶寶已經能用食指和拇指抓起細小的物品。
- 寶寶會模仿大人的動作。
- 當孩子還不想參與活動時，必須先引起他的好奇心。
- 爸爸媽媽要真心肯定孩子的努力，讓寶寶以期待的心繼續進行。
- 設定太難的挑戰目標要求寶寶達成，就失去親子遊戲的意義了。
- 寶寶真正需要的是遊戲是多元化的。
- 寶寶對於遊戲的喜好會改變。
- 童年時期有爸爸媽媽的陪伴和支持，對自信心建立是很重要的。
- 放鬆心情讓自己融入寶寶的想像世界當中。

1 叫我小小糾察隊

每當我說2歲寶寶愛發問是件令人開心的事，爸爸媽媽會苦笑的望著我，臉上帶著疑惑。別懷疑，我是真心的這麼認定，2歲這一年，在幼兒的發展中極其重要，寶寶的生活上有許多必須留意的細節，會深深影響到孩子將來的語言、學習力、做事習慣和人格發展。

大部份的家庭中只有一個小孩，爸爸媽媽無從比較孩子的言行動作透露著他需要什麼，可能因此就錯過了早期可以調整的時間點。

就拿「講話」這件事來說，2足歲的寶寶，大約九成都至少能說出單字來表達意思了，倘若遇上已經滿2歲卻依然不會叫爸爸媽媽的孩子，我們一定會特別關心，和家長訪談中也會很客觀地抽絲撥繭，想瞭解是否能從什麼角度切入來引導寶寶跟上學習的腳步。

照顧寶寶不只是滿足他衣食無缺的生存需求就足夠，如果更多人都能吸收一點育兒相關的知識，對小孩和家庭之間的和諧幸福都有積極正面的幫助。2歲多的小朋友常像個小小的「糾察員」，語言發展比較快的孩子會說：「爸爸你回家進門後鞋子沒放好」，還會緊盯著每個人在吃飯前一定要先去洗手……。

若您家的寶寶也有這些行為，回過頭就要好好感謝平日負責照顧寶寶的人，因為寶寶的言行就是一面鏡子，他們用行動來呈現結果；這個寶寶長期以來受到很好的教育，在潛移默化的影響下，寶寶已經能記住生活上必須遵守的規則，所以才會要求大家都要一樣做到。

早在一百年前，義大利幼兒教育專家瑪麗亞．蒙特梭利博士便觀察到，2～3歲幼兒進入「秩序感的敏感期」，她認為兒童本來就有順乎自然的秩序感，只是大人以「權力」予以弄壞而已。

如果每天的作息都要有規律，每樣東西擺放在固定的位置上，孩子就可以自由的在習慣的環境中，找到自己想做的活動或工作。平心而論，成人確實期待小寶寶能有規律性的生活作息，如此照顧者便會輕鬆許多。但事實上當大人自己打亂生活的步調而讓寶寶來配合時，我們卻容易給自己一個合理的理由。

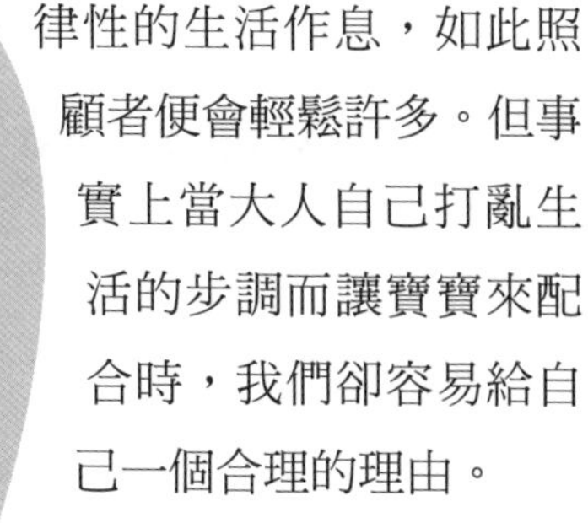

Magic Tips!
育兒小魔法

- 2歲是個似懂非懂的混亂期，寶寶會説話後，爸媽有時會誤認為寶寶長大了，但是有理講不清的情況常考驗大人的耐心。請嘗試同理寶寶的感覺和需求，多和寶寶説些正向鼓勵的話。

究竟什麼可以做？什麼又不能做？孩子們需要有

一個明確的標準和規則可以依循。

其實處於這個階段的寶寶正在學習認識自己和環境周圍的關係，任何違反寶寶習慣的變動，都可能造成不安定感而哭鬧。想想若一個2歲寶寶無法流利的說出自己的感受和需要時，是不是就只能透過動作來表示，萬一寶寶的動作又是大人沒有預期到的狀況，就容易讓大人產生是孩子無理取鬧的誤解。

Memory～幸福時光膠囊

趣味小記事

……………………………………………………

……………………………………………………

……………………………………………………

……………………………………………………

寶貝，把拔馬麻有話說

……………………………………………………

……………………………………………………

……………………………………………………

……………………………………………………

2 這樣做，會不會寵壞孩子？

「為什麼在家都可以自己吃飯，回到外婆家，就要大人餵了？難道小孩子的心機這麼重的嗎？」

這類的問題時常會困擾年輕的媽媽，她們很擔心孩子被「寵壞」，但又不知道如何和長輩溝通才好？甚至有媽媽會擔心到把自己和小寶寶隔離起來，不讓任何人影響自己教養寶寶的原則。

而我一再請媽媽在育兒時，要懂得調節緊繃的情緒，二十四小時緊盯著寶寶的照顧法，會形成看不見的隱形壓力，首先就要累壞了自己。

如果平時相處的時間不夠長，外婆和奶奶並不清楚寶寶已經能自己吃東西了，大人喜歡每餵一口飯就會忍不住稱讚小寶寶：「這是婆婆特別給你買的，婆婆就知道小乖最喜歡了，來，再吃一口！」

看到寶寶開心的吃下精心準備的食物，真是一種很大的成就感，而寶寶見到了外婆的笑容，也會增強他內心繼續被餵食的動機。

於是祖孫兩人都樂於處在彼此高興的狀況，兩手還能拿玩具……。如此樂得輕鬆，聰明的小寶寶當然不會想打破這種難得的和諧關係。

所以，請別再誤認為寶寶心機重。依照時間和狀況調整行為，只是大腦很直接的感覺動作反應，兒童的心思真沒有大人所想像的複雜。

在現實的家庭中，父母兩方或其他家人的觀念與生活習慣多少會有差異，孩子會試探每個人的底線，配合大人的管教模式發展出不一樣的行為表現，寶寶純粹只是用行動來配合對方期待的樣子。

3 2歲寶寶的動作發展

「最近寶寶的破壞性很強，拿到東西就亂敲、拿到筆就到處亂畫，是否要把筆都藏起來呢？」

在幼兒的動作發展中，跑、跳、翻、滾，這類的活動被歸納為「大動作」的發展能力，手指和指掌控制的能力，則被歸納為「精細動作」發展觀察的重要指標。

在正常的發展下，2足歲之後的寶寶已經能用食指和拇指抓起細小的物品，也能打開旋轉的蓋子順利拿到放在瓶中的物品。但是在爸爸媽媽的眼中常以為寶寶還小，從來沒有想過讓寶寶練習自己動手；主動探索和模仿都是與生俱來的天性，所以某個程度來說，寶寶這些動作是在尋找刺激，也可能是試圖故意引起大人注意的舉動。

寶寶會模仿大人的動作，如果2～3歲的寶寶精細小動作發展比較好，其實握筆的姿勢不用特別教導就能學會；但是如果精細動作不夠靈巧，很可能上了小學握筆寫字還會頻頻喊累。有些媽媽告訴我她擔心孩子拿筆走來走去會有危險，所以交代照顧孩子的傭人必須隨時將筷子、任何型式的尖物通通收起來，絕對不能讓寶貝拿到。這樣的做法值得商確，因為當我認識這孩子時已經要讀中班，但孩子還無法握著粉蠟筆著色畫，端水或拿玩具的手勢也呈現無力的樣子。

我想2歲多的寶寶不需要禁止他拿筆，重點要提供足夠的材料或二手紙，在大人的陪同下讓寶寶盡情練習，以避免寶寶隨意畫在沙發或牆壁上。

如果還是擔心色筆或顏料會弄髒家具，可以準備磁鐵板和筆狀的玩具來滿足寶寶模仿大人寫字的動作，這類的活動也可以培養寶寶耐心和專注力。

我們一直強調寶寶要在遊戲中成長，要隨著其年齡增長慢慢鼓勵寶寶做更多的活動，這些活動，不只是肢體動態的肢體遊戲，也要包括能夠雙手操作更靈活的遊戲。

生活自理這些活動，增進寶寶精細動作

其實寶寶的精細動作和身體協調能力都有關係，要觀察寶寶拿湯匙、叉子進食的時候，會不會將常將食物弄出去碗盤外？若吃頓飯經常搞得杯盤狼藉，也需要好好注意。

吃飯的時間，就是寶寶練習精細動作和手眼協調的好機會，寶寶能有充份練習的機會嗎？還是大人依然覺得他還做不好，就順手幫忙了呢？

日常生活中有很多活動，都可以訓練寶寶的手指操作能力，首先我們要放手讓寶寶自己嘗試，例如：讓寶寶自己穿脫鞋子和衣褲、刷牙或吃飯等等。

以兒童發展的階段來看，在2歲期間寶寶具有最強烈的

學習動機，他們很想幫忙，動作方面上也需要練習，對執行重複而單調的動作有比較長的耐心，所以也是進行親子互動遊戲最好的時期，可以玩出許多不同的變化、發揮更多的想像力，讓活動過程充滿意想不到的驚喜。

確實也有些寶寶的主動性不太強，他們總是會先觀察而不會立即行動，萬一到了陌生的新環境就顯得更緊張。如果大人輕率地認為：「這孩子比較害羞」或「膽子小」……，很可能只是想辦法催促他們，或認為小孩不喜歡而放棄。其實這些小朋友只是敏感而容易緊張，他們更需要有經驗的人來引導他們去發現活動的樂趣。

這樣引導不愛動的寶寶

我們得先引起孩子的興趣，當孩子還不想參與活動時，必須先引起他的好奇心，大人可以先玩得很開心，並用比較誇大的聲音或動作吸引寶寶走近觀察，等寶寶臉上透出微笑就表示他看了並不排斥，這時候再詢問他想不想試試看？給他練習的機會，或陪在一旁各做各的就可以。

幼兒習慣自己玩或者和親密的家人相處，從兒童心理發展的歷程來看，3歲之前的幼兒還不懂得進行團體活動，這時若讓年齡相近的寶寶在同一個房間裡玩，小寶寶也多半是各玩各的，彼此活動不會有太多的交集。

爸爸媽媽要多帶寶寶到公園或遊樂場去玩，使小寶寶多看、多聽、有機會活動身體，寶寶便能有更多的機會觀察到動作的技巧，然後自己再找機會反覆練習。

在我過去實際接觸的孩子當中，有的孩子就需要很長的時間來觀察，他們喜歡先當個觀眾，即使站在一旁看著其他小朋友玩也很高興，雖然在遊樂場的當下還不願意參與，可是回家之後會拿出玩偶練習，甚至是一個人自言自語在扮演曾經看過的活動，這些孩子要比較多的次數熟悉新環境，在確定安全或自己也能做到時才會放心加入。

若以感覺統合的觀點來看，很可能他們在前庭覺、觸覺或其他感覺輸入與調節的生理反應方面不太協調，這些情況則是可以透過平時的活動來調節改善。可是大人若習慣先用個性內向或不合群等說法來評斷他們，這些寶寶就沒有辦法及時獲得幫忙。

運動協調能力的好或不好與練習的次數大有關係，不善於運動的孩子當然就不想動，總是練習不夠，自然動作也就更生疏……。

寶寶年紀雖小，也無法完全理解大人講話的意思，不過寶寶已經能敏感的察覺到他人情緒，因此即便是寶寶的動作不夠精準熟練，也請勿任意取笑寶寶做得不夠好；在每一次完成活動以後，爸爸媽媽也要真心肯定孩子所做的努力，讓寶寶以期待的心情繼續進行下一次。

大人心情不佳也要陪孩子玩嗎？

當我們鼓勵寶寶進行任何的活動時，讓寶寶和大人都在沒有壓力的情況下玩比較好，如果大人自己情緒不佳，或者設定太難的挑戰目標要求寶寶達成才能休息，這麼一來可就會失去親子遊戲的意義了。

在大人自己感覺情緒低落時，可以找些寶寶自己玩的活動，放點輕鬆的音樂，陪在寶寶身旁就夠了，不需要將親子遊戲當成了非做不可的功課。因為在大人情緒緊繃的時候，容易用過於嚴厲的要求來看待寶寶的一舉一動，如此一來，反而可能會造成反效果。

我想，小寶寶真正需要的是一個有趣的遊戲玩伴，並不是教官或糾察隊長，若一再的去糾正寶寶，「不可以這樣」、「不可以……」遊戲就會變得非常乏味了。

4 愛在大人身邊轉圈圈

為什麼小寶寶很愛圍繞著媽媽四周打轉？尤其是最近在散步時，如果我和朋友停下說兩句話，他就故意繞著大人轉圈圈，叫他暫停也不肯聽。

亞倫是個2歲半的小男孩，會走路之後就成天都活潑好動，喜歡和爸爸玩動作激烈的遊戲，但是平時是媽媽陪著亞倫的時間比較長，媽媽和照顧他的阿姨幾乎每天陪他出門散步了，可是當媽媽停下來和鄰居朋友說說話，亞倫就會在繞著媽媽的周圍不停的跑，就算媽媽說他沒禮貌，並且警告他不可以再繞圈，可是隔兩天又會忍不住再犯。

「別家孩子看了也跟著學，真不好意思呢！看孩子跑來跑去叫我頭都暈了，請問小孩子是不會頭暈的嗎？」

無論大人或小孩，當我們身體受到旋轉或高速度的刺激時，大部份的人都會感到暈眩，我們的左右內耳裏維持身體平衡的「前庭系統」會發揮平衡調節的作用，身體出現心跳加速、呼吸急促、暈眩或想吐時，就會停止繼續做太危險的動作。前庭系統與視神經也有連接，所以一個前庭系統過度敏感的人，若見到影像一直晃動，確實也可能會出現頭暈的感覺。

當然也有少數人的「前庭系統」感覺反應很低，這樣的成人會特別喜歡高度刺激的戶外活動，只有高空彈跳或者雲霄飛車的速度感才能滿足他們。

如果亞倫的爸爸一向很喜歡刺激性高的運動，則兒子也可能遺傳與爸爸相似的感覺神經反應，對於普通和程度的速度和高度變化一點也不害怕，反而天生就需要大量動態活動的刺激；具有這樣體質的孩子，從幼兒開始就特別需要大量的體能活動，不是透過散步便可以滿足他們的。

幼兒在學齡前大腦的感覺系統還未發育成熟，即便是敏感型的孩子也會需要一點刺激，大約2歲半前後是寶寶最容易出現愛轉圈圈的時期，這是一個過渡的現象，當寶寶能夠掌握如何維持身體平衡之後，單調的轉圈動作，就不再那麼有趣了，寶寶將會對玩法更複雜的遊戲產生興趣。

5 2歲寶寶的情緒發展

「我家女兒其實還不滿3歲，可是她都不太想理我，下班以後我想抱她就說：不要！，這麼小的孩子常愛挑大人的小毛病。成天就愛抱著洋娃娃自問自答，害得我總有點心裡發毛……請問這樣正常嗎？」

曾經有位年輕的爸爸在參加親子活動時，很直率地說出他的疑惑。

「這位爸爸的想像力很豐富，恐怖電影看太多才讓你想多了吧？請放心，你家女兒的表現聽來算正常，或許和同齡的寶寶比較起來說話還更流利呢！」

第一次當爸爸可能不清楚，女孩的遊戲常常就是如此。表達能力較好的孩子還會重複大人教導過的話，所以小寶寶才會像個小老師要求大人也必須按照規定來做事情。

在這個階段的寶寶在意的事情其實很簡單，且幾乎都是大人教給她的，可是大人有時也容易忽略，例如：必須洗手才可以吃東西、東西要依照媽媽規定的位置擺放，不管是誰不小心犯規，寶寶就會提出抗議。

爸爸媽媽應該為此感到欣慰，不需要覺得寶寶愛找麻煩或有挑釁的意味。因為若以發展成熟度來看，寶寶能夠主動發現不符合規定的狀況，完整的說出正確的做法，要求別人必須配合……這些都是觀察力敏銳和大腦發育更成熟才會有的優秀表現。

這個時候，到底該玩什麼？

「我家寶寶太奇怪了，女生才愛玩扮家家酒，男孩都玩車子和積木的不是嗎？」

在幼兒時期，男孩和女孩的玩法會漸漸開始出現差異性，但請不要被過去傳統錯誤的刻版印象給限制住或造成干擾。我遇過一些媽媽會著迷似的購買名牌玩偶給女兒玩，給兒子就買近百台的玩具車。

經濟條件還不錯的家庭，寶寶的新玩具會不斷的增加，但這些寶寶拿到新玩具的興奮期很快就消失，於是爸爸媽媽就只好再去買個新的。

客觀的拿出來檢視一番，可以發現多數家庭會買的玩具類型並不多，呈現出同一種類型的偏好，喜歡火車就買各式各樣的火車模型；爸媽不喜歡玩拼圖，通常也不可能去買個拼圖回家來製造混亂。

所以我真心希望爸爸媽媽能早點理解，寶寶真正需要的遊戲是多元化的，幼兒並不需要太多限量、高貴的蒐藏品；凡是能夠符合安全衛生要求，可以動手抓握、觸摸、拆解或組合的物件，都可能變成寶寶愛不釋手的好玩具！

不要輕易打斷專注在遊戲中的寶寶

寶寶對於遊戲的喜好會改變，每個階段的偏好與身體感覺動作能力、語言認知基礎，和最近的情緒狀態都有關係。

就拿2歲寶寶來說，這個年紀正是模仿能力快速發展的時期，寶寶常會在獨處時，經由假扮的遊戲表現出記憶中曾經看過或聽過的樣子，在大人眼中看起來可能有些無意義或好笑的舉動，卻是非常必要的，小寶寶在玩遊戲的過程中，大腦會呈現活化啟動狀態，這要比被動的盯著電視台看強過太多了。

6 為什麼寶寶不理你？

有些爸爸會以為寶寶比較喜歡和媽媽玩，而覺得自己不適合陪小孩，更多情況是媽媽自己覺得「寶寶不愛理我」，媽媽們相當容易對寶寶與照顧的人比較親近而感到失落。

對於類似的煩惱，我常以不同的角度來思考；如果寶寶可以和爸爸媽媽有親密的互動，唯獨在他們專心投入遊戲中時，暫時不希望被別人給打斷，以學習的角度來看這是一種專注力的表現。

根據研究發現具有資優特質的幼兒，會很小的年紀就對某一種遊戲很投入，當同齡寶寶玩5分鐘就會想轉換新目標時，有些小寶寶還會持續練習長達半小時以上。這類的活動很可能是玩拼圖、堆積木、拿筆亂畫、重複的爬高、再跳下來，但是不包括看電視或玩i-pad。

或許您也有過這樣的經驗：當我們的大腦專注於思考或做事的時候，身旁的聲音或影像暫時會自動忽略，就好像是完全沒有聽到和看到的樣子。

所以，倘若你的寶寶平時可以和別人一起玩，只有在做某種活動時，總是特別投入而不喜歡被打斷，那麼很可能這就是寶寶現階段最需要的感覺刺激，這是一種發自內在主動想要學習的動機，不是爸爸媽媽強迫訓練可以得到的結果，也不是故意要不理會爸爸媽媽。

在童年時期有爸爸媽媽的陪伴和支持，對寶寶的自信心建立是很重要的，從現在起，寶寶已經開始發展向外學習和解決問題的能力，請放心讓寶寶盡情地做遊戲的主角吧！

 如何讓寶寶親近我？

1. 真誠的互動：和寶寶相處遊戲時順其自然、採取引導而非教導，無需預設目標。
2. 適當的距離：蹲下來或坐在寶寶的身旁，距離不要太近，等待寶寶主動接近。
3. 適時的放手：避免經常糾正寶寶要做才對，讓寶寶有機會用自己的方法試一試。
4. 柔軟的身段：保持童心和想像力，放鬆心情讓自己融入寶寶的想像世界當中。

7 2歲寶寶的語言發展

「寶寶已經2歲半了，說話還不清不楚，每次都要媽媽充當翻譯，如果這樣下去，我真擔心上幼兒園會被欺負……」

 請重視1歲半前的「前語言期」

說話是用來溝通的，在寶寶還沒上學之前，如果家庭成員能與寶寶培養出良好的默契，就可以準確的知道寶寶需要什麼？想要什麼？就算是寶寶還不能講出完整的一整句話，生活上也不會發生太大的溝通問題。

因此，等到幼兒園老師反應寶寶表達能力比較慢，而這時候大人和小孩都會追趕的很辛苦了。

在1歲半前的「前語言期」寶寶需要大量的語言刺激，能有機會聽大人說話的寶寶對語言的發音、語調就留有較多的記憶，在開口說話後腦子裡有比較多的資料可以應用。

萬一錯過了語言發展的第一個學習的黃金階段，在2歲後才發現寶寶還無法講出句子來，首先要先從大人和小寶寶互動的生活習慣來調整改變。

第一，在生活中隨時注意提醒自己「不要給太快」，先讓寶寶有說話的必要。第二，增加仿說練習：在拿東西給寶寶前，要慢慢說出手上東西的名稱，請寶寶跟著說一次。講話時讓寶寶可以看到媽媽的嘴型，放慢說話的速度，從一個單字引導到一個短句子。例如：這是『餅乾』……等待寶寶說出『餅乾』後，才把東西交給他。第三，用開放式的問題，不要問封閉式問題。

【封閉式問題】媽媽問：「你想吃餅乾嗎？」

寶寶只會回答：「要」或「不要」。

【開放式問題】媽媽問：「餅乾和牛奶，你想先吃什麼？」

引導寶寶說出：「我要吃餅乾」或者是「我想喝牛奶，餅乾給媽媽吃。」

 發音不清楚，正常嗎？

「講話發音不清楚，常講一連串的話，別人卻聽不懂，每次叫他說清楚就是糾正不過來，這又是什麼問題？」兒童語言發展的過程時間很長，如果2足歲後的寶寶已經能說、也願意說，爸爸媽媽就可以放心一半，因為大約會有百分之五十的幼兒在4歲之前發音不夠清楚，目前還可以等待，可不用太著急。如果爸爸媽媽想要積極幫點忙，建議可以在生活中關心寶寶口腔唇舌的協調能力。

說話發音是否準確可以從「接收」和「輸出」兩個面向來討論。接收來源要有敏銳的聽覺，能聽出音調音律的細微差異；輸出則是口腔唇舌、聲帶的協調控制能力。

在聽覺方面爸爸媽媽通常能做得很好，給寶寶聽音樂或外文歌曲，常和寶寶說話等等，這些都是促進寶寶聽覺發展和聽知覺的活動。可是「輸出」的這一端，爸爸媽媽卻經常在做讓寶寶能力變弱的事情，但很少人有警覺！

「寶寶能和大人一起吃固體食物嗎？」有次我在演講時反問一位擔心寶寶講話發音不清楚的媽媽。「沒試過，我怕寶寶噎到，所以只讓他吃軟的食物。」媽媽回答。

這位媽媽說，她的2歲寶寶每天只喝大骨熬煮兩小時的粥，水果也會磨成泥才餵。這小男孩被當成嬰兒來照顧，沒有咀嚼食物的機會，只會吞食，話話發音也只能發出單音。

然而，這不是特例，環境條件越好的家庭中，寶寶被過度保護也是發展落後的潛在原因之一，因為這些寶寶太被重視了，不能出任何一點意外，照顧者不知道原來咬合能力與口腔肌肉控制有關，只會吞食的寶寶，唇、舌和牙齒協調控制的練習肯定不夠，如何能夠發出精準的聲音呢？講話不清楚，和寶寶平日的飲食習慣也很有關係的呀！

Magic Tips!
育兒小魔法

・寶寶的食物要具備多樣性，讓寶寶能接受軟的或硬的食物，而不是偏好某一種。這樣做目的不單只是為了營養均衡，牙齒咬合咀嚼的動作對將來講話發音的口腔肌肉活動有具體的關係，千萬不可以忽略。

Chapter 4

3歲寶貝 難分難捨的小心肝

「寶寶 3 歲生日開始，我們全家人為了要不要讓寶寶進幼兒園已經快吵翻天了。聽說孩子都要哭很久才能習慣，這是真的嗎？」別擔心，其實不是每個寶寶都會不想上學，人們對負面的訊息總是記憶比較深刻。

- 會不會很快適應新環境和兒童天生的特質與生活經驗都有關係。
- 避免在寶寶的面前談論到別家小孩上學發生的負面話題。
- 寶寶個別的發育成熟度也不同，所以何時上幼兒園是有彈性的。
- 爸爸媽媽一天不放手，寶寶就無法學會自己走。
- 孩子無法具體說出他的感覺和想法，才會僵在原地。
- 3 歲寶寶雖然聰明，終究還無法像成人一樣具備理性思考。
- 3 歲寶寶可以看懂別人的情緒，也開始發展同理心。
- 旁聽孩子們爭吵過程，靜靜觀察他們調解，等事後再個別溝通。
- 3 歲寶寶由自言自語較多的幻想，進步到能和其他人互動遊戲。
- 陪伴寶寶同樂的經驗，將會是爸爸媽媽最甜蜜的回憶！

1 3歲寶貝，對長大充滿期待

會不會很快適應新環境，和兒童天生的特質與生活經驗都有關係，家中的寶寶如果比較容易緊張，我們可以提早約半年就慢慢營造「上學是件快樂的事」這樣的氛圍，也避免在寶寶的面前談論別家小孩上學發生的負面話題，如此寶寶便會覺得長大上學是件令人期待的事。

3歲的寶寶對「長大」這件事是充滿了期待與想像，他們能聽懂大人說話，但不能真正理解別人講話的意思，才會激盪出許多叫人哭笑不得的狀況，但這也同時是3歲寶貝最可愛之處。

僅管在台灣，幼兒教育方面已有數十年的專業教學經驗，但至今幼兒園還未納入義務教育，所以學齡前階段發展出公立和私營的幼兒學校可供選擇，也有部份家庭認為媽媽自己教更方便。

當時，我決定提前在1歲8個月左右，便讓小兒子離開家中一對一的照顧，主要是因為這個小寶寶從小模仿力就特別強，缺乏年齡相近的玩伴，家中只有大人和年長7歲的大哥哥，成天在家被長輩寵溺的機會太高，所以才希望他在白天能夠與更多的小寶寶一起玩。

為了想給孩子提供一個寓教於樂、又安全的遊戲環境，我們必須每天早晚不怕浪費時間的往返接送，上下班時間的塞車時段是容易預測的，最困難的部份仍是要先克服大人心中「難分難捨」的感受。

我還依稀記得小兒子第一天送去托兒所時，當年他還未滿2歲，小小孩在門口揮著小手說：「媽咪，Bye bye！」就讓老師牽著小手，頭也不回地走進教室了。

「就這樣？……」園長在門口微笑地揮動雙手，示意我安心快去上班。於是我跟自己說：「是的，這樣很好，兒子長大了，我相信他有很好的適應力！」

僅管喜歡玩伴的寶寶期待長大；媽媽的心情卻是矛盾的，喜悅和失落糾結難解。老實說，小孩不可能每天都會笑著走進教室，有時寶寶還想睡，說什麼也不肯進學校；萬一在門口見到其他小朋友叫媽媽，就會成群吵著想要抱抱……校門口便同時上演苦情劇。

大約有一年的時間，我很期待早上在學校門口的兩三分鐘，暫時先別遇上新進園的小寶寶；因為幼兒的情緒很容易被導向興奮的狀態，所以我學會調整自己的心情和兒子一同扮演「乖寶寶愛上學」的喜劇。

在校門口時興奮地說：「老師早安，小豆又來上學了！請問今天有什麼好玩的呢？」

有默契的可愛老師就會滿臉笑容走過來，跟著演：「今天我們有好多東西可以玩，小豆媽媽，拜託妳不要太快來接他呦！小豆還要當老師的好幫手，小朋友都好喜歡他。」容易莫名奇妙跟著興奮的小孩子，很自然地被老師順利接進教室，開始一天有趣的探險遊戲。

送寶寶上幼兒園是一段考驗父母意志力的過度期，全家人一起做好心理建設就會比較順利。每個家庭有不同的生活習慣和教養子女的支援條件，寶寶個別的發育成熟度也不會一樣，所以什麼時候要上幼兒園是有彈性的。

爸爸媽媽真的不需要跟別人比較入園的時間，是早一年或晚一年。好比隔壁家的大寶提早一年上幼兒園，也不保證將來學習的過程就能一路領先。

但當您在客觀評估之後，若覺得團體學習的環境是寶寶需要的，那麼就該設法堅持下去；這道理和學習走路一樣，如果爸爸媽媽一天不放手，寶寶就無法學會靠自己走。

3歲起，寶寶就要進入兒童早期的學習階段，讓我們以喜悅的心繼續給寶寶加油吧！

2 3歲寶寶的動作發展

我家寶寶走路時常跌倒，從來不肯好好走，就愛橫衝直撞，做起事來也是粗心大意，讓他去參加寶寶的「讀經班」會不會定性好一點呢？

練習『有難度的走路』，超重要！

若家裡有一個3歲寶寶身體健康，沒有扁平足，骨骼發育也都正常，可是平時走路時，卻經常會撞到東西，或失去平衡而跌倒，想必家人會常說：「走路要小心，不要一直用奔跑的！」

爸爸媽媽限制寶寶不可以跑步，是為了減少他發生意外的可能性。

以大腦感覺學習的觀點來看，預防危險的做法就和傳統育兒觀念不同，因為幼兒普遍好奇心強烈，他們不可能隨時保持「慢慢走」的狀態。

若想徹底改善，就必須增強寶寶的運動協調能力，加強身體兩側協調性和肌肉張力，也要提升在視覺上對於空間和距離偵測的準確度。

所以，我反而要建議爸爸媽媽，要鼓勵活力旺盛的健康寶寶，每天都花更多時間用來練習走路，最好還能想辦法讓寶寶手提重物走路、在斜坡上走路、在平衡木上練習走路，每個月稍微調整一點點難度，慢慢練習直到可以繞行障礙物快走或跑步都不會跌倒。

3歲寶寶，要多多活動

3歲起寶寶的活動量需求更大，除了跑跑跳跳之外，也喜歡追逐和誇張的翻滾，健康的寶寶需要更大的活動空間，如果家裡頭的空間不夠，戶外的活動就更重要。

在都市地狹人稠，孩子還不懂得控制力道，每次活動起來，常會吵到鄰居因而惹來家人的抗議，大人往往為了安撫寶寶，就會找最快速的方法來讓孩子安靜下來，過去最普遍是看電視，這兩年流行APP軟體，3C產品是當代最有吸引力的超級發明。

可是方便的工具還是留給大人使用就好較為適當；兒童必須先學會自己動腦和動手，在此之前，千萬不要太快養成依賴工具的習慣。

早在大約80年代之時，歐美兒童醫師和教育專家便開始提出警告，希望家長能正視兒童長時間看電視可能對視力所造成的不良影響；可惜至今我們仍然能發現很多的家庭，會以電視或電玩來吸引孩子。

小朋友看電視時很容易一動也不動，近十年來統計結果顯示：幼兒視力不良的比率過高，家長們終於開始懂得必須真的要控制幼兒看電視的時間。

於是家長又開始想辦法其他的辦法讓寶寶靜下來，「有什麼方式能讓孩子不要經常動來動去呢？」

有人想透過「學心算」、「彈鋼琴」或「讀經班」等等看起來靜態的課程，來增加孩子的「專注力」。

這些才藝課程對兒童有其正面的功能，但我們若以3、4歲寶寶的身心發展角度來看，直到幼兒園時期，都仍然更喜歡活潑動態的體驗式學習。

3 3歲寶寶的情緒發展

我們知道寶寶需要多運動，也特別帶他去遊樂場，可是寶寶出門都不願和別人玩，回家還要抱怨「我都沒有玩到，不要回家，不要……」

爸爸媽媽們也對寶寶出現「在家一條龍，出外一條蟲」的表現感到生氣，忍不住問：「這孩子是故意搗蛋的嗎？小時候任誰抱都行，為什麼長大反而變得不大方了。」「在家都能做好的事情，到了需要表現的場合卻放不開，看起來也不是個性害羞內向，想不透他在拗什麼呀！」

諸如此類的問題困擾太多家長，而我也曾為此遍尋答案，與孩子的互動經驗中發現：大人真的不用催促、內心也急不得。

當孩子真心想做的事，不必三催四請就能自動自發，想叫他們停下來還不容易；但是如果其他的孩子們都行動了，某個小孩卻一直處在觀望的狀態，或許就是沒聽懂，必須有別人親自示範和解說才能理解。

遇上孩子沒有在第一時間做出反應，我們不必當下責怪寶寶固執或態度不佳；最好能心平氣和先觀察什麼地方還可以提供更多協助。

孩子無法具體說出他的感覺和想法，才會僵在原地不知如何是好，等到他想參與而提出要求，也就錯過了最佳的時機。這時孩子懊惱的情緒可能會失控而大哭，更讓爸媽摸不著頭緒。

爸爸媽媽不能只用口頭上的鼓勵或講道理來教導孩子。通常使用恐嚇或威脅只會對個性溫和的孩子可能有效；萬一孩子的個性天生就強硬堅持，當自我意識發展之後就會開始挑戰爸媽一再規定「不可以」的事。

 如何和講不清楚的寶寶溝通呢？

3歲寶寶要開始學習察覺自己的情緒，也要學習如何表達情緒。這時候的寶寶已經能體會「快樂」、「生氣」、「悲傷」、「害怕」等基本情緒，可是根據兒童心理家研究發現，在3歲時幼兒情緒穩定的比例只有一半，這意味著，3歲寶寶雖然呈現聰明又會說話的樣子，但他們終究還無法像成人一樣具備理性思考。

因為幼兒早期的大腦發育和語言發展還不夠成熟，幼兒大腦的興奮很容易擴散，加上大腦中樞神經系統的控制能力發育不足的狀況，情緒就顯得衝動，容易起伏不定。

所以當爸爸媽媽不懂寶寶為何突然哭鬧、發脾氣，當下是無法用「講道理」來溝通的，最好的辦法是先轉移寶寶的注意力，讓他們受刺激而呈現興奮狀態的情緒先慢慢地平穩下來。

我們可以適時給幼兒適當發洩情緒的機會，不要總是要求孩子一直呈現出乖寶寶的形象而壓抑情緒。是親密的家人經常給寶寶一個大大的擁抱，能夠讓寶寶感覺受到關心，對親子雙方的情緒穩定都有益處。

3歲寶寶在平日的生活中，悄悄地模仿人際互動禮儀和社會規範。寶寶在這個階段會透過視覺觀察和聽覺記憶來學習，他們會不知不覺中模仿大人說話的口氣和肢體動作，所以寶寶從大人學到的情緒表達方式，相較之下寶寶很可能對媽媽所說的內容記憶不完整，但是學到最多的卻是家人們舉手投足的模樣。

Magic Tips!
育兒小魔法

- 在寶寶哭鬧時，大聲責罵或恐嚇通常只會引來反效果。
- 若我們希望寶寶有良好的情緒調節能力，當寶寶無端哭鬧時，爸媽要先學會「冷處理」暫時轉移注意力，不要讓自己跟著不自覺地的焦躁起來。

4 發現寶寶開始會說謊怎麼辦？

我家寶寶常說「老師不愛我」，聽說那位老師教學經驗很豐富，我不想懷疑寶寶講話的真實性，但也不希望孩子受委曲，換幼兒園會不會比較好？

媽媽最擔心寶寶在幼兒園沒有受到好的照顧，可是關心的這件事情通常只是一些認知上的小誤會。

「這學校老師不給你兒子吃飯，再送去肯定會餓死！」奶奶著急的要求剛下班進門的媽媽說，明天不能再讓小寶去幼兒園了，小孩先交給奶奶照顧，明年再去上幼兒園。

「有什麼要比吃飯重要的！這麼小的孩子能學什麼呢？營養不良可不行！」奶奶很關心小寶到幼兒園每天能不能吃飽，突然生這麼大的氣，想必有什麼誤解吧……。

媽媽問小寶：「小寶今天去上學很好玩吧，中午老師有沒有餵你吃飯呀？」

「沒有！」小寶在玩車子，好多部玩具車像停車場一樣的排放著。媽媽又問：「那老師有沒有餵其他小朋友吃飯呢？」小寶說：「沒有，老師不餵小朋友吃飯的。」

小寶回答時頭也沒抬起來，玩得相當投入。「為什麼老師不餵人吃東西？」媽媽又問。

寶寶終於放下手上的玩具，肯定地說：「老師說小朋友都要自己吃，我們是大孩子了。」

「太好了，小朋友真的要自己吃東西，這樣才是能幹的大孩子。」「那今天中午吃了什麼呢？如果沒有吃飯，老師請你們吃什麼呢？」「吃麵呀！廚房阿姨煮的麵超好吃的，媽媽，我今天吃了兩碗。老師說我最棒，還給我一個好寶寶印章唷！」

媽媽和奶奶都安心了，原來小寶說：「今天沒吃飯。」是真的，學校的炒麵感覺十分新奇，小寶竟然能夠吃下了兩碗，或許有其他小朋友跟著一起活動，會比在家裡吃更多呢！

對大人來說，「與事實不符」就是說謊、不誠實，爸爸媽媽都想要從小教育孩子具備良好的品格，當然無法接受小孩子會說謊。

可是在幼兒成長的過程中，會有段時期對時間、對象和因果關係等邏輯方面的判斷不清楚，因此在回答大人問題時，無法依照事實來說明解釋，就常常造成誤會。

如果聽到寶寶抱怨什麼，請爸爸媽媽都暫時先別生氣，我想他們不是故意說謊騙人，先仔細聽聽他所講的事件前後過程；同時也要注意，是不是寶寶的抱怨也有希望獲得更多注意的可能性。

舉例來說，3歲前後的幼兒會進入「假扮遊戲」的階段，在遊戲時一再重複媽媽曾經跟他講過的話，也會透過最喜歡的玩偶來玩對話遊戲。

我們靜靜觀察便能發現，寶寶對話的內容只是遊戲成份較多，寶寶也可能只是把從電視上聽過的對話從記憶中提取出來重複練習，但並不見得真能理解對話內容的意義。

所以小寶寶陳述的內容如果和現實情況不一樣，或者聽到寶寶有抱怨情緒的反應時，我們要慢慢引導寶寶發現事情的真相，以正面的思考來看待每一件事情。

遇上寶寶抱怨老師或媽媽不愛他，不可以直接買個禮物來安撫他，更不能一味地滿足寶寶所提出的需求，否則兩代之間的互動將會變成單向付出，接收的那一方則慾望無限的高漲，孩子也會對於愛產生誤解，當別人無法滿足他的要求時，就說別人不愛他。

5 利他行為的引導分享、同理、幫助別人

3歲寶寶已經具備相當程度的理解力了，他們可以看懂別人的情緒，也開始發展同理心。

當小朋友看到別人手上纏著紗布繃帶，會主動關心對方：「媽媽，他受傷了嗎？為什麼會受傷？受傷的人會不會死掉……」

爸爸媽媽對這種熱心過度的問題，可能會感到尷尬，又很難回答吧！這就是3歲寶寶直接可愛的情緒表現。

語言能力發展越快的寶寶，對大人講聽故事或找人說話聊天的意願也會比較高；但也有寶寶自己玩的時間比較長，很少主動去找大人說話，若家中的寶寶與別人互動的積極性不高，爸爸媽媽就要製造更多機會，讓寶寶習慣與家人以外的人群相處。

我們要慢慢引導寶寶由知道自己的需求，再進步到可以關心到家人、朋友，學習要如何與人分享和主動幫助別人。

6 3歲寶寶的語言發展

愛角色扮演的年紀

「媽媽，我的手好痛，豆豆的手壞掉不能動了，明天要去看醫生才行！」3歲的小豆眉頭緊縮，對媽媽說手痛，甚至不能去上學，還強調是很嚴重的壞掉已經無法動了，一定要去醫院做檢查才可以。

「兩隻手看起來都一樣呀，你記得在哪裡受傷的嗎？」「不知道，輕一點！好痛呀！」媽媽舉起小豆的左手，東看西看同時對小豆說：「真奇怪，玩具被小朋友亂丟才會壞，為什麼豆豆的手也會壞掉呢？」

媽媽心想：這孩子精神好、這幾天來身體狀況也都正常，能吃也能睡，就是突然不使用左手拿東西，左手的外觀看起來並無任何異常或外傷。可是已經連兩天都跟媽媽說：「手手痛、手壞掉了要休息才行……」

「今天在學校可以拿玩具玩嗎？」小豆說：「不行，拿東西就會更痛。」媽媽試著將玩具交給小豆，他只用右手接下就放在一旁。「看起來真的很痛，那現在還可以吃布丁嗎？」小豆說：「布丁可以，我沒有肚子痛，可以吃布丁。」小豆坐在椅上，右手拿著小湯匙一口一口慢慢品嚐布丁，左手依然無力的垂掛著……。

連見到最喜歡的甜點也只用一隻手拿，左手會不會真有問題呢？難道可能是脫臼或骨頭跌傷才看不出來嗎？我決定請假一天，帶小豆到醫院檢查，小朋友講不清楚到底痛在哪裡？實在叫人放心不下。

神奇的康復過程

骨科醫師安排了X光檢查，在教學醫院進行一連串的檢查後，小豆站在媽媽身邊排隊等著批價繳費，這時小豆說：「媽媽，等一下看完醫生，你要送我去學校玩嗎？」

「先回家休息，現在已經快中午了，豆豆回家吃飯然後睡午覺，媽媽今天陪你，所以在家工作就好。」

「我的手不痛了，等一下媽媽可以送我去學校和小朋友一起玩唷。」豆子說。

半小時前才進X光室拍了X光片，依照這所醫院的流程必須先繳費，再去排隊看檢驗報告……醫生連X光片都還沒見著，來不及做任何醫療，小豆的手就不藥而癒，整個過程會不會太神奇了呢？

媽媽突然恍然大悟：哎呀！這兩三天的手痛是小豆在玩當病人的遊戲吧！

寶貝兒子角色扮演的遊戲太逼真了，全家人都被小小孩弄糊塗。媽媽忍不住想笑，多虧了已經研究兒童心理好多年，自家寶寶的想像遊戲也沒看出來，幸好自己是個夠冷靜的家長才沒有被寶寶給嚇著。

小豆豆的「手壞掉了」風波，是發生在六年多前的親身經驗，自此之後我更喜歡靜靜觀察，研究身旁每一位寶寶的語言對話和遊戲，天真的寶寶們真是太可愛了！

抽絲剝繭找原因

就在小豆「X光事件」發生的隔天晚上，我由書架上面找出一本印有X光圖片的兒童英文單字圖畫書，翻開「X」字母的這一頁，懷疑這張關鍵的圖片，和小豆昨日反應自己「手壞掉」有關係。

因為小豆開始學會講話後，家中年長他7歲的哥哥已經開始學英文，小豆模仿力很強，也會對中文和英文字詞產生好奇。小豆最近常拿哥哥這本字母書找媽媽一起看。

「這是什麼？」小豆看圖畫書時特別愛發問，媽媽或爸爸總有一人必須耐心回答他，同樣的問題，可以每天晚上全部再問一次。書上的圖片多半是生活上常見的物品，但這「X-ray」是唯一我們看不到實際物品的圖片。於是我將3歲多的小豆叫到身旁，問他說：「弟弟，這是什麼呢？你知道嗎？」

小豆說：「媽媽，這是【X-ray】你忘記了嗎？」媽媽裝傻：「我真的忘記了。」，「媽媽覺得這個看起來是骨頭的照片，豆豆知道這是什麼東西嗎？」媽媽繼續問。

小豆說：「醫生可以用X光機來幫我們檢查骨頭有沒有斷掉，我有去醫院看過唷！媽媽我跟你說，護士阿姨叫我站在機器前面不可以亂動，她先把電燈關掉一下下，然後就會自動拍照……，【X-ray】是很強的機器唷！」聽小豆講得頭頭是道，媽媽終於找到答案。

我很慶興有個語言發展速度快的寶寶，雖然給大人找了麻煩，但也同時表現出具有豐富的想像力和聯想力。

我開心的跟小豆的哥哥說：「太好了，哥哥你有玩伴了！媽媽發現弟弟和你小時候一樣聰明，如果學校功課做完，請你多花點時間和弟弟一起玩，媽媽覺得你會是弟弟最好的老師唷！」哇～具有科學精神的大兒子，也一起加入觀察寶寶遊戲的實驗中了！

7 寶寶常常和人吵架，該怎麼辦？

每個孩子的個性不同，大部份寶寶講不過別人就用哭來發洩情緒，相對能據理力爭的寶寶就是少數；俗話說：「君子動口不動手」，所以能用講話來溝通，也代表他有不錯的語言表達能力，性格上有自己的想法，堅持度會比較高；但看在大人眼中，若沒有想到這些優點，常直覺會誤解為這樣的孩子「喜歡和人吵架」。

對於喜歡說話表達的孩子，我們可教他懂得控制說話的音量和語氣，那麼發生溝通誤解的機率就可以減少許多。我常鼓勵爸爸媽媽以正向角度來欣賞寶寶的優點，因為長大後會採取主動爭取或被動躲避的態度，與個人天生氣質和後天的環境經驗都會有關係。

我們不希望看見孩子說起話來咄咄逼人、沒禮貌；但也不能讓孩子在面臨壓力時連話都講不清楚，甚至遇到問題也不敢發問才是。

家有超過1個以上小孩，如何處理吵架問題？

有兩個孩子的家庭，大約在3歲後就會遇到小朋友發生爭吵的情況。我想很少有家庭能例外吧！當我發現兩個兒子開始愛鬥嘴，你一言我一句地吵個不停時，小豆的實足年齡其實也還未滿4歲。

兄弟兩人為一點點小事情或一句話，就可以你來我往地爭論不休，這時我會旁聽孩子們爭吵的過程，靜靜觀察他們如何調解，等事後再個別做溝通。

「哥哥不要常和弟弟吵架嘛，弟弟很多話都還聽不懂，如果講了他不理解，你就先不要跟他吵，媽媽晚上想安靜一點，別跟弟弟一直爭辯好嗎？」

小學四年級的大兒子安慰我說：「媽你放心，我不是和弟弟吵架，我是好心在訓練弟弟的語言表達反應啦！」媽媽靜下來想想，兒子說的也有道理，也因為常和哥哥鬥嘴，所以小豆說起話來很能運用「相反詞」和豐富的「形容詞」，在語言表達的流暢度來說，確實發展得很好。

我們家這位想法獨特的大兒子，自小就有很好的邏輯思考能力，聽到不合理的事情，就會跟媽媽打破砂鍋問到底；他喜歡當安靜的旁觀者，從不隨便和陌生人交談，每天晚上睡前還能夠耐著性子和年幼的弟弟一起玩，真是難得了。

兒童在發生爭吵時，會找大人評評理，但其實他們可以透過溝通而達成協議，一陣吵吵鬧鬧後，很快又玩在一起。3歲寶寶已經由自言自語較多的幻想遊戲，進步到能和其他人互動遊戲，還要學習遵守遊戲規則，而不再是只以自我為中心，一個人開心就好。

所以我們要引導寶寶用說話來表示自己的想法，用適當的語詞、口吻和音調來說話，別人比較能夠接受，這些需要爸爸媽媽的親身示範；如此一來，具有良好語言能力的寶寶就更具有「說服力」，也能夠設法說服別人願意採用自己的做法；這個目標是個語言發展中較高難度的領域，也是長大成人後必須學習的方向。

在4歲之後，寶寶就準備要進入幼兒園，為上小學預做準備，家人無法隨時在身旁呵護著他，更不能永遠擔任寶寶的發言人，而寶寶本身要具備良好的理解力和溝通力，才能快樂、自信、和其他小朋友玩在一起。

珍惜每段和寶寶一起遊戲的時間吧，孩子的童年就只有一次。陪伴寶寶同樂的經驗，將會是爸爸媽媽多年以後偶然想起最甜蜜的回憶！

Chapter 5

與0歲寶寶的親子遊戲

與0歲寶寶遊戲前，首要先布置一個安全的環境。並且隨時關心寶寶的體能狀況，千萬不可以勉強進行，與寶寶遊戲時每次的時間不需要很長，而是要有重複性，促發寶寶對外部的聲音和影像刺激能夠有正確的反應。

- 如寶寶完全無法用力，媽媽絕對不能勉強寶寶。
- 寶寶躺著手指頭會張開、抓奶瓶，或開始凝視自己的手。
- 寶寶此時已可以雙眼凝視人物並追尋移動之物。
- 寶寶還會露出親切的微笑！
- 寶寶已經能從本能為主的動作，逐漸轉變為較有意識的行為。
- 寶寶肌肉發展更成熟，對於外界刺激，能回饋更佳的反應。
- 寶寶已能坐著，穩定度仍不夠。
- 活動時媽媽的另一手和腳要在寶寶背後保護著。
- 此時期最需要多練習動手拿和抓取物品。
- 此階段的寶寶開始會大笑。

1 3～4個月寶寶的親子遊戲篇

3～4個月的嬰兒運動沒有特定目的，對他們來說，凡是能夠聽一聽、看一看，或者是可以動手摸一摸的互動，都是好玩的感覺經驗。

3～4個月寶寶的大動作

此時的寶寶在俯臥時，會設法將頭部和胸部抬高；當他由平躺姿勢拉著雙臂坐起時，頭部可能會往後微仰，但寶寶身體被扶起變成坐姿時，已經能夠用力維持頭部的穩定。

遊戲好好玩／拔蘿蔔 ⇨ p.117

3～4個月寶寶的精細小動作

當發現寶寶躺著手指頭會張開、抓奶瓶、開始凝視自己的手，手把東西放入口中時，代表他發揮探索本能，更顯示出已具備「抓」和「放」的肢體動作。

遊戲好好玩／蘋果樹 ⇨ p.118

與3～4個月寶寶建立關係＋表達情感

3～4個月的寶寶此時已可以雙眼凝視人物並追尋移動之物體，而且還會露出親切的微笑！

遊戲好好玩／汽車躲貓貓 ⇨ p.119

拔蘿蔔

Let's Play! 遊戲步驟拆解

step 1 寶寶躺著，媽媽坐著與寶寶面對面。

step 2 媽媽將兩手的大拇哥，分別貼放在寶寶左右兩邊的手掌上。

step 3 當寶寶握住媽媽的大拇哥時，媽媽用四隻手指頭輕輕地將孩子的手包住至腕關節的地方。

step 4 媽媽的手輕輕使力往上提，讓寶寶的頭離地約15cm，直到感覺寶寶也跟著使力上揚為止。

Tips 如寶寶完全無法用力，媽媽絕對不能勉強寶寶，避免拉傷。

愛的視線！爸媽觀察Point

一 遊戲過程中，寶寶能不能靠自己使力？

- A 可以。
- B 有出力，但很吃力。
- C 完全不行。

二 扶著寶寶坐著，是否能固定頭顱穩定？

- A 可以。
- B 算穩定，但仍些微晃動。
- C 完全不行。

蘋果樹

Let's Play! 遊戲步驟拆解

step 1 準備圓盤型的小衣架。

step 2 可利用圓形保麗龍球（小顆），分別裝入黑色和白色的糖果襪中。

step 3 將裝好的糖果襪夾在衣架上。

step 4 由媽媽拿著衣架把黑色和白色襪放在寶寶眼睛前上方約30公分處，鼓勵寶寶能夠伸手去抓。

愛的視線！爸媽觀察Point

一 當寶寶看見眼前有東西晃動時，是否會伸手觸摸？

A 會。
B 會，但需要一點時間。
C 完全沒動。

二 寶寶的抓握東西時，會不會使力握緊？

A 會。
B 摸一摸，但沒使力。
C 完全沒動。

遊戲好好玩

汽車躲貓貓

Let's Play! 遊戲步驟拆解

step 1 由父母準備一台可以推動的玩具汽車。

step 2 讓寶寶俯臥趴在地板上。

step 3 由媽媽來推動玩具汽車，讓孩子趴在地上用眼睛搜尋玩具汽車滑行移動的方向。

Tips 可以左右或前後推動玩具，但是速度不能太快，以免玩具撞到寶寶的臉部，驚嚇寶寶。

愛的視線！爸媽觀察Point

一 寶寶俯臥的時候，頭、胸部是否能抬起？

- A 可以。
- B 抬起，但很吃力。
- C 完全不行。

二 寶寶的眼睛是否會追著行進中的汽車移動？

- A 可以。
- B 有看，但視線無法順利跟著移動。
- C 完全不行。

2 5～8個月寶寶的親子遊戲篇

不同月齡別的嬰兒，由於生理和認知成熟度的不同，會產生階段性的肢體發展。5～8個月的寶寶，已經能從本能為主的動作，逐漸轉變為較有意識、意義的行為；此外，由於肌肉發展更成熟，對於外界刺激，能回饋更佳的反應。

5～8個月寶寶的大動作

此時的寶寶已能坐著，穩定度仍不夠；腳尖能向著身體前方，但仍會微微縮起來。5個月的活動可以幫助寶寶達成頭頸部的肌肉控制和上半身的穩定。

遊戲好好玩／不倒翁 ➡ p.121

5～8個月寶寶的精細小動作

此時期最需要多練習動手拿和抓取物品，讓寶寶的手掌和手指聯合控制的精準度更成熟。

遊戲好好玩／停、看、聽 ➡ p.122

與5～8個月寶寶建立關係＋表達情感

此階段的寶寶開始會大笑，餵寶寶吃東西時也會自己張開嘴，寶寶會用動作或聲音表示還要吃其他東西；當寶寶在哭鬧時，也能因為受到照顧者的安撫而安靜下來。

遊戲好好玩／躲貓貓 ➡ p.123

不倒翁

Let's Play! 遊戲步驟拆解

step 1 媽媽先坐在地板上，讓寶寶側坐在前方，媽媽用手和腳環繞在寶寶身體前後。

step 2 手拿小物在寶寶視線平行的前方左右搖晃，吸引寶寶到想移動方向伸手捉取。

step 3 左右移動讓寶寶透過活動加強頭部的控制能力與坐姿穩定度。

Tips 在活動時媽媽的另一手和腳要在寶寶背後保護著，在寶寶身體失去平衡時做好安全措施。

愛的視線！爸媽觀察Point

一 寶寶坐起時，脖子是否保持在中間位置不會傾斜？

- A 可以坐起。
- B 坐不穩，很快就躺下。
- C 目前還無法坐起來。

二 寶寶若看見前方有玩具會想伸手拿取嗎？

- A 可以準確摸到。
- B 看一下但不會伸手。
- C 完全不理會。

遊戲好好玩

停、看、聽

Let's Play! 遊戲步驟拆解

step 1 媽媽將小物放在寶寶手上，讓寶寶用力握緊。

step 2 請寶寶把東西交給媽媽。

step 3 若寶寶還不會放開手掌心，再把他手打開、取走物品。

step 4 或在寶寶面前擺放各種材質的玩具，讓他自己做抓取再放下，把玩不同的形狀或重量的玩具。

愛的視線！爸媽觀察Point

一 寶寶懂得自己伸出手來去拿玩具嗎？

Ⓐ 會，且主動性很強。
Ⓑ 還需要被引導。
Ⓒ 沒有反應。

二 寶寶會用雙手拿著玩具並且咬著玩嗎？

Ⓐ 會。
Ⓑ 還不會主動去捉取。
Ⓒ 只能緊握不放。

躲貓貓

Let's Play! 遊戲步驟拆解

step 1 我們在床上可以準備多條小手帕、大手帕。

step 2 讓寶寶躺著，將寶寶的臉上輕輕蓋上小手帕。

step 3 媽媽發出聲音，試著讓寶寶自己動手拉開臉上的手帕或小方巾。

Tips 當孩子學會拉開小手帕後，可將小手帕改為大手帕或乾毛巾。

愛的視線！爸媽觀察Point

一 寶寶是否可以拉開自己臉上的手帕？

A 可以。
B 需要引導一下子。
C 完全不行。

二 當寶寶拉開手帕時，他臉上的表情反應是？

A 會開心的笑。
B 臉上沒表情。
C 大哭。

3 9～12個月寶寶的親子遊戲篇

9～12個月大左右屬於寶寶的學步期，當他能腹部離地爬行到扶著東西站立，到自行跨步決定自己的前進目標時，就邁入了另一個智慧階段。寶寶每天忙著探索豐富的世界，好奇心超乎你的想像，每一件事物、每一個聲音都吸引著他。

9～12個月寶寶的大動作

此時的寶寶已會嘗試想站起來，例如坐著時，身體也會挪向想要的物品位置。建議爸爸媽媽可拉著他的手臂，慢慢往上提，讓他的身體由蹲到站、由站到蹲。

遊戲好好玩／捉住幸運球 ➡ p.125

9～12個月寶寶的精細小動作

寶寶會雙手交換拿東西、將食物往嘴裡送，也能夠模仿大人拍手了；建議準備嬰兒吃的米餅、專用水杯，讓寶寶有更多機會可以練習手部使用。觸覺經驗比較足夠的寶寶，能夠分辨味道和觸感，比較少再將東西放進嘴巴裏咬了。

遊戲好好玩／撕撕樂 ➡ p.126

與9～12個月寶寶建立關係＋表達情感

此階段的寶寶開始會揮手再見，會模仿父母說話聲音，甚至可慢慢誘發類似「爸」、「媽」的音。

遊戲好好玩／咦？聲音哪裡來 ➡ p.127

遊戲好好玩

捉住幸運球

Let's Play! 遊戲步驟拆解

step 1 先準備5顆彩色塑膠球（或8吋小皮球）。

step 2 讓寶寶坐在地板上，媽媽與寶寶約距離1公尺，面對面坐下來。

step 3 媽媽將小球慢慢地推向寶寶，鼓勵寶寶伸出手來捉住球。

step 4 由媽媽將小球丟地彈跳向寶寶，並請寶寶想辦法移動方向去撿球。

愛的視線！爸媽觀察Point

一 寶寶坐著時，身體是否仍會搖晃？

A 可以坐穩。
B 會坐，但不穩。
C 完全不行。

二 將球丟給寶寶的時候，寶寶會不會主動伸手去拿？

A 會。
B 摸一下就沒興趣。
C 完全不會。

撕撕樂

Let's Play! 遊戲步驟拆解

step 1 讓寶寶坐在媽媽的對面，讓寶寶可以直接觀察到媽媽的動作。

step 2 給寶寶一張色紙或皺紋紙（色紙般大小）。

step 3 媽媽引導寶寶將紙張撕成長條狀。

step 4 再次鼓勵寶寶耐心撕成一張一張的小紙片。

愛的視線！爸媽觀察Point

一 寶寶會撕紙？

A 可以。
B 想撕，但無法完成。
C 完全不會。

二 寶寶在活動時，能不能耐心的依照媽媽動作模仿？

A 可以。
B 需要動作示範，並仔細說明後才會開始動手。
C 完全不會操作。

遊戲好好玩

咦？聲音哪裡來

Let's Play！遊戲步驟拆解

step 1 平時就多準備幾種可以發出聲音的玩具，讓寶寶自己動手玩。

step 2 媽媽和寶寶一起玩，試著讓寶寶記住玩具名字，例如：這是「鴨子」、「鈴鼓」。

step 3 媽媽帶著玩具躲在沙發椅後面，在寶寶看不到的位置弄出聲音，讓寶寶移身去尋找聲音來源。

step 4 在寶寶發現後，跟寶寶說：「寶寶找到聲音了，看看這是什麼呢？」。

Tips 可再度加強聲音和物品名稱的記憶，跟寶寶說：「你看，這是鈴鼓」、「這是鈴鼓的聲音」。

愛的視線！爸媽觀察Point

一 遊戲過程中寶寶是否會轉頭尋找發聲來源？

A 會。
B 需要重複幾次才有反應。
C 完全不會。

二 寶寶會試圖爬向發出聲音的地方嗎？

A 會。
B 會，但找不到方向。
C 完全不會。

Chapter 6

與1～2歲寶寶的親子遊戲

在寶寶會走以後，我們試著在親子遊戲時把距離遠遠拉開來，或許家中的空間不如教室寬敞，但只要在遊戲前稍稍調整家具擺放的位置，挪出相隔約 2 公尺的起點和終點，就足以讓寶寶活動起來了。

- 吹熄生日蛋糕上的蠟燭，寶寶就滿週歲了。
- 寶寶開始會對周遭的人、環境、聲音增加了高度探索的慾望。
- 寶寶因開始站立，雙手空出來大大發揮摸索操作的興致。
- 走走斜坡、爬爬桌子、椅子、騎騎搖搖馬，不亦樂乎。
- 1歲的寶寶開始會有意義地叫爸爸或媽媽。
- 引導出遊戲的樂趣，賦予寶寶高度的學習樂趣與動機。
- 爸媽和孩子的互動話題就可以由簡而深的提高變化。
- 遊戲中要不斷以簡潔易懂的詞彙和寶寶說話。
- 最重要是——臉上別忘記要帶著笑容唷！
- 切記不可講得過快或激動得催促叫喊。

1 1～2歲寶寶的變化

吹熄生日蛋糕上的蠟燭，寶寶就滿週歲了。

當寶寶學會走路以後，眼睛視線所接觸到的高度和廣度將會大大提昇，寶寶也開始會對周遭的人、環境、還有聲音增加了高度探索的慾望。

這時候的寶寶因開始站立，雙手將空出來，大大滿足那摸索與操作的興致。

大動作：對承受身體重量姿勢之舒適感

一般而言，孩子的粗大動作發展大概可分為：原始反射支配、步行前、步行、粗略運動、調控運動等五個時期，而此階段動作發展的順序大約是：站、步行、攀登、奔跑、跳躍、翻滾、單腳站立等。

因此孩子會走路以後，自信心大增，喜歡到處遊走，很快就會由快走變成跑步，雖然依舊喜愛父母的擁抱，但享受夠了就會從大人懷中掙脫下來。在四處探索時，走走斜坡、爬爬桌子、椅子、騎騎搖搖馬，不亦樂乎。

 小動作：抓取的精準＆空間

1～2歲的寶寶仍在口慾期，可以運用大拇指和食指拿取葡萄乾；但是與嬰兒不同的是，這階段寶寶手指指腹的觸覺辨識開始有更敏感的神經反應，所以對口腔的觸覺依賴明顯逐漸降低，所以寶寶已經能用手去觸摸、用眼睛去觀察，把東西放嘴裏咬的次數就能減少。

 1歲寶寶的語言

1歲的寶寶開始會有意義地叫爸爸或媽媽，也懂得使用除了爸媽以外的幾個單字、做一些手勢、和大人玩，且不會再只以哭鬧的方式表達需要；寶寶的聽覺敏銳，會從大人的動作瞭解語彙的涵義，而豐富的語彙能啟發孩子聽知覺應對能力。至於音樂的旋律及節奏，能觸動孩子的心弦，自發地拍手、搖擺身體、甚至跟著哼唱。

寶寶的遊戲學習是隨時進行的，爸爸媽媽可以善用家中或社區的環境，只需添加一些假設性的情節，透過故事引導加入豐富的形容描述，不但可以利誘寶寶愛跑、愛動的肢體活動需求，還可以配合兒童心理發展的需要，引導出遊戲的樂趣，賦予寶寶高度的學習動機。

2 1～2歲家庭親子遊戲活動規劃

善用活動主題讓遊戲更生動

為了吸引寶寶的注意，建議您在遊戲時可以加入不同的活動主題，在主題的範圍內，以說故事的方式，做一點情境的引導，寶寶不僅能獲得運動的機會，也能慢慢累積生活的常識。即使在家，也可以用遊戲玩出聰明活潑、反應靈巧的棒小孩！

在寶寶1～3歲期間，親子遊戲將會以「認識農場」、「水的世界」、「交通工具」和「生活百貨」四個主題，做情境設計的發想。

配合不同年齡的認知理解能力進步，爸媽和孩子的互動話題，就可以由簡而深的提高變化。

溫馨小提醒：

和孩子遊戲的訣竅

1. 精神上不要武裝戒備
2. 不要把遊戲當持一種嚴肅的教育

3. 爸爸媽媽要也能樂在其中
4. 遊戲中要不斷以簡潔易懂的詞彙和寶寶說話，但切記不可講得過快或激動得催促叫喊。
5. 最重要是一臉上別忘記要帶著笑容唷！

3 1～2歲親子遊戲的認知學習

主題	詞彙種類
認識農場	陸上動物；植物；工具
水的世界	水中生物；自然現象
交通工具	交通工具；建築物；地名
生活百貨	食；衣；生活用品

4 1～2歲親子遊戲的活動效益

動作發展
除了在平地穩定的行走以外，可以爬斜坡。
能夠靠自己的力量，推著物品往前移動。（1歲5個月）
用雙手拿著物品，同時往前行走。
步行的時候，如果遇上障礙物，能夠順利地避開。
會爬上樓梯。
懂得倒退走路。（1歲8個月）
可以丟球、敲打玩具。
能自己用雙手端一個碗喝水，並且不搖晃、不打翻。
開始練習用湯匙吃飯。

語言理解／口語表達

會說出擬聲詞（汪汪、啾啾、呱呱、咕咕）、說疊字，例如：狗狗、貓貓、婆婆、車車。

在1歲半前至2歲前，能運用雙字句，例如：「媽媽，抱！」「爸爸，來！」「看，貓貓！」

在1歲半前能說約50個單字，且出現接受性語言，例如收到來自爸爸媽媽的指令時會回答：「好！」

知道東西都有他們的名字。

在這個階段，容易把動物叫聲當作動物的名稱，例如：喵＝貓；咕咕＝小雞；吱吱＝小鳥；汪=狗。

對於「給我」的指令，可以做出適當反應。

能遵從「拿」、「起立」、「坐下」等等簡單的指令。

可以指出身體的其中四個部分：頭、身體、手、腳。

能分辨、指認兩種不相同的物品。

5 親子遊戲1：農場主人

遊戲目的	認識農場
感覺目標	輕觸覺活動
發展動作	① 會爬斜坡 ② 會上樓梯
語言理解	會說擬聲詞，如：汪汪、啾啾、呱呱、咕咕

Safe！打造安心遊戲場

1. 設定一個無障礙的走道起點和終點，兩點間的距離目測大約為2公尺左右。
2. 在起點地板上用「彩色膠帶」貼出一個約30cm正方形框，當成小狗的家。
3. 在起點至終點中間以「空紙箱」銜接變成山洞，小狗每天回家一定要經過這個小山洞。
4. 在終點放置「5～8個小積木」當成主人送的肉骨頭。

故事情境action！

農場主人養了一條很認真又愛乾淨的小狗，今天主人幫小狗準備好多肉骨頭，小狗想要將食物統統搬回家。來吧！可愛的小狗要把食物搬回家了。

Let's Play！遊戲步驟拆解

step 1 先在起點小狗的家（正方形框內）放一個立好的積木，做為寶寶觀察模仿的樣品。

step 2 爸媽引導寶寶爬過紙箱山洞到終點，拿一個積木後再鑽過山洞，回到起點。

step 3 到達起點之後，要將積木穩定立放在小狗的家中（正方形框內）。

愛的視線！爸媽觀察Point

一 寶寶看到紙箱圍成的空間會不會害怕？

A 不會怕。
B 會先觀望但可被引導。
C 排斥並拒絕。

二 排放積木時，寶寶手指頭的操作能力如何？

A 排放積木可完成站立。
B 只能完成一部分。
C 完全不會。

6 親子遊戲2：我是農場主人

遊戲目的	認識農場
感覺目標	輕觸覺活動
發展動作	① 步行時能避開障礙物 ② 會使用湯匙
語言理解	對「給我」的指令能做出正確的反應

Safe！打造安心遊戲場

1. 設定一個無障礙的走道起點和終點，兩點間的距離約2公尺；在起點設置4個小桶子，分別放進一顆不同顏色的球。
2. 由爸媽在起點至終點間，放置3～5個面紙盒當成障礙物。
3. 幫孩子準備一支大湯匙；在終點放一籃4色的小球，讓寶寶等一下可以依顏色分類放入桶子裡。

Tips 起點小桶子裡的色球，必須和終點一籃4色球的顏色相同。

故事情境action！

農場內的小動物肚子都餓了，我們幫牠們送食物過去吧！寶寶請記住，動物要吃不同的食物，所以農場小主人要把食物分開來放才對唷！我們快出發去準備食物吧！

Let's Play! 遊戲步驟拆解

step 1 由起點出發，請寶寶拿湯匙繞過障物走到終點，拿起一個小球放入大湯匙。

step 2 回程時湯匙內的球不可以掉落，繞過障礙物走到起點，將手中的色球放近相同色球的桶子裡。

step 3 在寶寶能做正確的顏色分類之後，下一次遊戲時可以增加指令的複雜度。

Tips 例如：小猴子吃【黃色香蕉】、小兔子吃【紅色的蘿蔔】、長頸鹿吃【綠色樹葉】、大象吃【藍色果實】

愛的視線！爸媽觀察Point

一 能正確辨識顏色：

A 可以區分。
B 稍微會區分。
C 完全沒概念。

二 會練習用湯匙：

A 能自己舀起。
B 想舀但須另一手幫忙。
C 完全不會。

7 親子遊戲3：我是……

遊戲目的	認識農場
感覺目標	輕觸覺活動
發展動作	能指出身體的其中四個部分
語言理解	對「給我」的指令做出正確反應

Safe！打造安心遊戲場

❶ 設定一個無障礙的走道起點和終點，兩點間的距離目測大約為2公尺左右。

❷ 在起點放2~ 4種個不同顏色的呼拉圈（或小桶子）。

❸ 從起點到終點中間，先放置人造草皮（代表森林），或將大型的紙箱攤平放在地板上。

❹ 在終點準備一些紅、藍、黃或綠色小球散放在地上（小球與呼拉圈同色）。

故事情境action！

小動物準備要到森林探險，小牛和我一起出發吧！這裡有個漂亮花園，可是小牛覺得五顏六色的花亂七八糟。「小牛愛整齊，想重新把花圃整理好，我們一起來幫忙！」

Let's Play! 遊戲步驟拆解

step 1 請從起點出發，爸媽可以引導寶寶想像並說出他現在想表演的是什麼動物。

step 2 如果寶寶說「大象」。就請寶寶模仿大象要用四隻腳走路，屁股翹高高穿過森林走到終點。

step 3 到達終點後，請孩子拿起一朵自己喜歡的小花（小色球）。

step 4 再以大象姿勢通過森林、折回起點，將剛採回的小花送進相同顏色的花圃裡。

愛的視線！爸媽觀察Point

一 寶寶能正確做出顏色辨認？

- A 可以區分。
- B 稍微會區分。
- C 完全沒概念。

二 寶寶會不會怕觸摸到草皮？

- A 不怕。
- B 會怕，但可被引導。
- C 完全排斥。

8 親子遊戲 4：水中小精靈

遊戲目的	➡ 水的世界
感覺目標	➡ 本體覺活動
發展動作	➡ 能雙手端碗喝水不打翻
語言理解	➡ 知道東西都有名字

Safe！打造安心遊戲場

1. 設定一個無障礙的走道起點和終點，兩點間距離2公尺。
2. 請爸媽準備一些「熱帶魚」、「海星星」、「小鯨魚」、「蝦子」、「螃蟹」……等海底生物貼紙貼在起點地面上。（請使用可重複使用貼紙，黏性不要太高）。
3. 利用「保鮮盒」，做運送海底生物的小船。
4. 在終點的牆壁上，或準備一張椅子，設計成為海底世界的區域。

故事情境action！

爸媽可先與孩子分享、想像……「你知道海底世界有什麼嗎？」指導寶寶認識海底生物名稱，再來玩貼紙遊戲。

Let's Play! 遊戲步驟拆解

step 1 請寶寶在起點以蹲姿，用手指摳撕貼紙，將摳起的貼紙貼在保鮮盒底，然後蓋上蓋子。

step 2 「走，我們要將小蝦子送到海裡！」請寶寶用雙手端著保鮮盒，並且快步走到終點。

step 3 讓寶寶到達終點後，把蓋子打開，將貼在小船上的小蝦撕下來貼在牆面，再將蓋子蓋緊。

step 4 以快步走路方式回到起點，遊戲來回重複，直到起點的貼紙全部取下來。

愛的視線！爸媽觀察Point

一 觀察寶寶玩貼紙的動作？

- Ⓐ 撕和黏動作順暢。
- Ⓑ 能貼，但貼不好。
- Ⓒ 完全不會貼。

二 寶寶能否靠自己開啟和關上塑膠盒蓋子？

- Ⓐ 開關都很密合。
- Ⓑ 能打開，但不會關緊。
- Ⓒ 完全打不開。

9 親子遊戲5：蓋城堡

遊戲目的	水的世界
感覺目標	本體覺活動
發展動作	能單手拿物、前行
語言理解	能遵從「拿」、「起立」、「坐下」的指令

Safe！打造安心遊戲場

1. 爸媽首先設定一個無障礙的走道起點和終點，兩點間的距離大約為2公尺左右。
2. 在起點地面上放置各顏色的樂高積木。
3. 在起點到終點的中間地上，放置一個前後打開的大紙箱，讓孩子能爬行穿過。
4. 終點準備一張小桌子，桌子上放上各種顏色的樂高積木。

故事情境action！

由爸媽來引導，「你知道青蛙有幾條腿？」「你知道青蛙怎麼走路嗎？」可由爸媽先示範遊戲的動作。現在，青蛙想在水裡幫其他生物蓋城堡，有蝦子、小魚、小螃蟹、小蝌蚪，我們也來幫他蓋們蓋房子好嗎？

Let's Play! 遊戲步驟拆解

step 1 「開始吧，現在我們先選一個磚頭」（告訴寶寶每次只拿一個樂高積木）。

step 2 「我們要到水裡（大紙箱）游泳囉」請寶寶爬進紙箱，等鑽出後走到終點。

step 3 在終點的桌面上，將相同顏色的樂高拼疊起來；回程以青蛙跳的姿勢回去，重複直到積木拼完。

愛的視線！爸媽觀察Point

一 寶寶能否將組合式的樂高向上疊起來？

- A 輕鬆完成。
- B 不會，但被引導可完成。
- C 完全不會貼。

二 寶寶能否在地板上做出蹲跳的動作？

- A 會蹲跳。
- B 想跳但動作不協調。
- C 完全跳不起來。

10 親子遊戲6：海綿寶寶

遊戲目的	水的世界
感覺目標	本體覺活動
發展動作	能雙手拿物、前行
語言理解	動詞表達

Safe！打造安心遊戲場

❶ 設立無障礙的走道起點和終點，兩點間距離約2公尺左右。

❷ 先放置三個顏色的「呼拉圈」，並在呼拉圈內貼上各自的編號1、2、3。

❸ 請爸媽事先準備一些海底生物的貼紙放在終點。例如：「熱帶魚」、「海星」、「鯨魚」、「蝦子」、「螃蟹」……等不限數量。

❹ 幫孩子準備一台腳踏車（或沒有踏板的滑板車）。

故事情境action！

養在池塘的大魚最近生了好多小魚，我們家的池塘太小，魚兒太多養不下了，所以要分送給喜歡養魚的好朋友來照顧。寶寶快開車去送小魚吧！

Let's Play！遊戲步驟拆解

step 1 讓寶寶坐在滑板車，用腳走路開車，到終點去抓一條魚（貼紙）。

step 2 請寶寶將魚貼在衣服上，開車回到起點，將魚兒放入隨機的呼拉圈中。

step 3 持續遊戲：「3號」呼拉圈、「1號」呼拉圈、「2號」呼拉圈、「3號」呼拉圈……。

step 4 「紅池塘有幾條魚？」「綠池塘有幾條魚？」和寶寶一起數，主要在增加孩子唱數經驗。

愛的視線！爸媽觀察Point

一 觀察寶寶是否開始有秩序性的概念？

- A 能重複數1、2、3。
- B 有概概念，但偶爾忘記。
- C 完全沒概念。

二 坐在腳踏車是否會使用兩腳控制前進？

- A 很順暢。
- B 會前進但容易被絆住。
- C 完全無法前進。

Chapter 7

與2～3歲寶寶的親子遊戲

在寶寶的感覺動作需求增加的時期，需要有比較充足的運動量；忙碌的爸媽不一定每天能和寶寶到遊樂場去玩，這時在家的遊戲就很重要了，在遊戲時營造出想像的情境，可讓寶寶更融入在遊戲中。

- 2歲寶寶好奇心強，行動自主。
- 2歲寶寶自我意識也漸漸開始萌芽了。
- 寶寶已經準備進入幼兒園，人際互動對象更多。
- 2～3歲的孩子喜歡學大人的語調。
- 當孩子說不清楚時，爸爸媽媽不妨先整理再確認孩子的意思。
- 協助孩子怎麼聽和說。
- 故事書、繪本都是都是增進孩子語句和語彙的很好媒介。
- 此時寶寶的視知覺與聽知覺也逐漸有反應。
- 多元的體驗式學習，為將來要面臨的新學習環境預做準備。
- 寶寶語言的運用從疊音進步到短句。

1 2～3歲寶寶的變化

2歲寶寶好奇心強，行動自主，自我意識也漸漸開始萌芽了。在2～3歲階段，寶寶將開始學習接受新食物、生理上也可以控制大小便，出門的機會開始增加。

有些寶寶已經準備進入幼兒園，人際互動對象更多，接觸的環境擴大後，得以展開多元的體驗式學習，這些都為將來要面臨的新學習環境與更複雜的運動遊戲預做準備。

此時寶寶的視知覺與聽知覺也逐漸有反應，喜歡玩模仿、也慢慢有了象徵性的遊戲，一步步的打開社會人際關係的互動意識。

2 2～3歲親子遊戲的認知學習

主題	詞彙種類
認識農場	陸上動物；植物；工具
水的世界	水中生物；自然現象
交通工具	交通工具；建築物；地名
生活百貨	食；衣；生活用品

3 2～3歲親子遊戲的活動效益

動作發展	語言理解／口語表達
單腳站立一秒以上。	會用句子表達自己意思，如：我要球。
會雙腳跳。（3歲完成）	喜歡兒歌並重複歌唱。
會手心朝下丟球或丟東西。	能說出自己整個姓名。
會擲出球、溜滑梯、踢球。	認識身體各部位名稱。
會踮腳尖走路。	能辨別2～4種物件的用途。
會扶把手上下樓梯。	能玩三片拼圖，如：人分頭、身、腳。
單腳站立一秒以上。	會自己穿脫沒有鞋帶的鞋子。

4 2～3歲家庭親子遊戲活動規劃

善用活動主題讓遊戲更生動

2～3歲的孩子，語言理解及聽覺記憶，已經有一些基礎，喜歡學大人的語調、反覆運用經常聽到的語彙，因此聽知覺反應更快，語言的運用從疊音進步到短句。

建議您在主題的範圍內以豐富語句的故事情境。引導藉由孩子聽、說、唱扮演的遊戲過程，讓孩子語說機會能順利表達出來。

溫馨小提醒：

當孩子表現想要說卻又說不清楚時，爸爸媽媽不妨先整理看看再確認孩子的意思，引導並協助孩子怎麼「聽」和「說」，此外故事書、繪本都是都是增進孩子語句和語彙的很好媒介唷！

5 親子遊戲1：農場主人

遊戲目的	➡ 認識農場
感覺目標	➡ 輕觸覺活動
發展動作	➡ 會跨走積木（慢行跨越巧拼）
語言理解	➡ 會用句子表達自己的意思

Safe！打造安心遊戲場

❶ 設定一個無障礙的走道起點和終點，兩點間的距離2公尺。

❷ 請爸媽與孩子準備2組相同的動物圖卡，可以做配對使用（或由爸媽和孩子一起畫）。

❸ 將準備好的動物圖卡分別在起點和終點各放一組。

❹ 起點這組圖卡覆蓋（增加神秘樂趣）。

❺ 從起點到終點，放置5～6個「巧拼墊」佈置成往返路線。

故事情境action！

我們今天想要送動物們回去找好朋友，可是小動物們的家在吊橋另一端，等會兒走吊橋的時候要慢慢走。請記得小動物要和媽媽要牽手唷，這樣小動物才不會走失了找不到媽媽。活動開始囉！準備出發，GO！

Let's Play! 遊戲步驟拆解

step 1 請孩子在起點從覆蓋的圖卡中抽出一隻動物，並說出動物名稱（例如：我要帶乳牛回家……）

step 2 接著讓孩子帶著圖卡，單腳跨越吊橋（巧拼墊）走到終點。

step 3 將手上的動物與終點圖卡位置做配對擺放，折回再一次，直到卡片全數送回。

Tips 當孩子有了配對概念，可將圖卡改為2片拼圖，做配對練習。

愛的視線！爸媽觀察Point

一 寶寶能用單腳站立一秒鐘？

- Ⓐ 可以做到。
- Ⓑ 願意試，但無法成功。
- Ⓒ 完全做不到。

二 寶寶是否具有配對的概念？

- Ⓐ 配對觀察好、能做到。
- Ⓑ 願意做但不完全對。
- Ⓒ 完全做不到。

6 親子遊戲2：瘋狂洗衣機

遊戲目的	生活百貨
感覺目標	雙手合作活動
發展動作	能踮腳尖至少一秒鐘
語言理解	會用句子表達自己的意思

Safe！打造安心遊戲場

1. 爸爸媽媽在家中找一個長寬約2公尺的空間。
2. 利用彩色膠帶貼成正方形（設置為洗衣槽）。
3. 先準備3顆氣球。
4. 將氣球吹飽氣。

故事情境action！

寶寶我們一起來把衣服洗香香吧！洗衣機，轉轉轉，洗衣機的泡泡飛起來了，快來幫忙，我們讓泡泡飛高高吧！

Let's Play! 遊戲步驟拆解

step 1 由爸爸媽媽引導寶寶在洗衣槽裡，將氣球一顆顆的向上拍打。

step 2 努力不讓氣球落地。

Tips 爸媽陪伴一起加入遊戲，可以增加遊戲的樂趣和持續時間。

愛的視線！爸媽觀察Point

一 寶寶能不能準確地拍打到氣球呢？

A 可順利向上拍起。
B 無法拍中但樂於練習。
C 無法拍中氣球。

二 寶寶是否能依照氣球的飄動方向移動身體？

A 能找到正確方向。
B 方向感不佳。
C 看不到氣球。

7 親子遊戲3：養魚達人

遊戲目的	➡ 水的世界
感覺目標	➡ 手指精細動作的活動
發展動作	➡ 能踮腳尖至少一秒鐘
語言理解	➡ 會用句子表達自己的意思

Safe！打造安心遊戲場

1. 設定一個無障礙的走道起點和終點，兩點間距離2公尺。
2. 準備一支保鮮膜內桿（當釣竿用）。
3. 請爸爸媽媽再幫孩子準備一些「寶特瓶」，當成大魚。
4. 在起點放置一個「小椅子」，讓孩子站在上面。
5. 活動目標就是請爸爸媽媽在起點利用保鮮膜內桿綁上「尼龍繩」當成魚線，將魚線拉至終點放好，準備遊戲時可以用來綁住寶特瓶。

故事情境action！

媽媽今天買了一個水族箱回來，可是裡面沒有魚，小寶和媽媽一起去釣魚回來好嗎？

Let's Play！遊戲步驟拆解

step 1 爸爸媽媽引導孩子站在小椅子上面，先問寶寶：「今天想釣什麼魚呢？」

step 2 讓孩子自己回答：「今天想釣大黃魚」、「小寶現在想釣小螃蟹……」。

step 3 請小孩用單手握住釣竿，將釣魚線用力拋出至終點，爸爸媽媽在終點將線綁住寶特瓶大魚。

step 4 再請孩子用雙手握住釣竿左右兩邊，滾動釣竿，將線捲回來，把大魚釣起來。

愛的視線！爸媽觀察Point

一 寶寶能不能靈活使用兩手，把線捲起來？

- A 可以做到。
- B 願意試但無法成功。
- C 完全做不到。

二 寶寶能否在地板上做出蹲跳的動作？

- A 很快記得。
- B 願意試但無法成功。
- C 完全做不到。

8 親子遊戲4：小小漁夫

遊戲目的	水的世界
感覺目標	手指精細動作的活動
發展動作	能踮腳尖至少一秒鐘
語言理解	能辨別2～4種物件的用途

Safe！打造安心遊戲場

1. 設定一個無障礙的走道起點和終點，兩點之間的距離目測大約為2公尺左右。
2. 在起點地板上，放置畫有水中生物的圖卡（例如：魚、水母、海星……等）。
3. 在終點將尼龍繩兩端固定，把曬衣夾掛在尼龍繩上。（夾子的高度要在孩子上方墊起腳尖才能摸到的高度）。

故事情境action！

大家辛苦的把魚釣回來了，真是大豐收，我們釣到好多種魚，足夠曬成魚乾了。請孩子幫忙把這些魚高高掛起來吧！

Let's Play! 遊戲步驟拆解

step 1 爸爸媽媽引導孩子，在起點選擇自己認識的水中生物圖卡，說出這是什麼？

step 2 拿到終點。引導讓孩子踮起腳尖，將魚（圖卡）一條一條夾在繩子上。

UP、UP！遊戲進階版

若孩子學得比較快，媽媽也可以將不同的圖卡混進來，讓寶寶抽中時想一下這是魚嗎？能不能吃？這是什麼東西？你也想要掛高高嗎？

愛的視線！爸媽觀察Point

一 寶寶能踮起腳尖、雙手舉高至少一秒鐘？

- A 會踮腳。
- B 有些不穩。
- C 很不穩。

二 手指的精細動作如何？

- A 能順利開啟夾子。
- B 可被引導。
- C 手指無法控制拿取。

9 親子遊戲5：小小運動員

遊戲目的	生活百貨
感覺目標	球類動作活動
發展動作	會擲球、溜滑梯、踢球
語言理解	會用句子表達自己的意思，如：我要足球

Safe！打造安心遊戲場

❶ 設定一個無障礙的走道起點和終點，兩點之間的距離目測大約2公尺左右。

❷ 在起點準備一顆氣球。

❸ 準備大圓點貼紙。

❹ 在終點擺放不同球類圖卡，例如：足球、棒球、籃球、羽球……等。（每次遊戲使用2種，可重複使用，讓寶寶記住球類名稱）

故事情境action！

你看！所有球類運動員大集合了。現在我們先來選球吧！當孩子選好球卡之後，教寶寶認識球的玩法。例如：如果寶寶選擇「足球」，就教導寶寶「足球」是用腳踢的。

Let's Play！遊戲步驟拆解

step 1 由爸爸媽媽在起點引導孩子，選出對岸（終點）想要的球類，例如：足球。

step 2 在氣球上貼貼紙，用腳踢球往終點位置，再把貼紙撕下貼上足球圖卡；回到起點繼續選球。

趣味提升！活動變變變

若寶寶寶選到「籃球」就示範投球動作，在1公尺之外的距離放一個桶子，請寶寶把球投進桶子裡。

愛的視線！爸媽觀察Point

一 寶寶能夠單腳站穩把球兒踢出去嗎？

- A 會踢球。
- B 偶爾能踢中。
- C 可被引導學習。

二 寶寶能正確說出球類完整名稱嗎？

- A 可快速辨認不會混淆。
- B 會指認但無法說出玩法。
- C 每次練習，都要重新再教一次。

10 親子遊戲6：神射手

遊戲目的	生活百貨
感覺目標	球類動作活動
發展動作	會手心朝下丟球或東西
語言理解	手臂大動作

Safe！打造安心遊戲場

❶ 設定一個無障礙的走道起點和終點，目測一下兩點間的距離，大約需為2公尺左右。

❷ 在起點牆壁上，貼上一張色紙。

❸ 將離起點約1.5公尺的距離定為終點，在終點地板上貼出一條「控制線」。

❹ 準備一顆軟性的小球。

故事情境action！

準備射擊：請孩子站設射擊區，不能跨越控制線。而爸爸媽媽先示範擲球的技巧，讓孩子站在遊戲室裡最佳投球位置，手心朝下，將球高舉至耳朵旁，向前投擲。

Let's Play！遊戲步驟拆解

step 1 在旁觀察孩子能否以拋物線狀投出小球（可以由爸爸先和孩子練習丟接）。

step 2 當孩子已經可以完成向前拋球時，則正式開始做有目標性的投擲練習。

step 3 請孩子站在設定的控制線上，引導他射擊在牆壁上的色紙區內。投擲的距離慢慢調整由近到遠。

愛的視線！爸媽觀察Point

一 觀察寶寶是否可以修正自己丟球的方向和力道？

- A 會。
- B 可依照提示調整動作。
- C 無法控制。

二 寶寶擲球的表現？

- A 能夠擲出拋物線。
- B 丟出狀況不穩定。
- C 朝地面丟球。

Chapter 8

與 3～4 歲寶寶的親子遊戲

3 歲寶寶會有更多創意和點子，遊戲過程中也會激盪出新玩法。爸媽和寶寶都可以發揮自己的想像力，參考書中示範遊戲操作，再創造出專屬家人的新遊戲唷！

- 爸爸媽媽要及時介入，幫助孩子調整速度與目標。
- 單調的居家生活無法給寶寶充實感與滿足感。
- 此階段的幼兒喜歡多采多姿、豐富變化的生活。
- 有意義的對話與互動，讓感覺統合順利進展。
- 此時的孩子會努力想嘗試超過他的年齡、能力的活動。
- 爸爸媽媽要為孩子佈建適當的場所。
- 遊戲中請不要用大人的眼光，去壓抑孩子對遊戲工具的狂熱。
- 解除孩子挫折達到成就感。
- 天氣好的時候可以去安全、方便的公園。
- 天氣不好時，可以在家進行多樣化的主題活動。

1 3～4歲寶寶的變化

此階段的幼兒喜歡多采多姿、豐富變化的生活，單調的居家生活無法給他充實感與滿足感。如果沒有安排孩子去上幼兒園，也應該提供豐富的玩具與遊戲活動機會，以及富有意義的對話與互動，讓感覺統合順利進展。

2 3～4歲親子遊戲的認知內容

主題	詞彙種類
認識農場	陸上動物；植物；工具
水的世界	水中生物；自然現象
交通工具	交通工具；建築物；地名
生活百貨	食；衣；生活用品

3 3～4歲 兒童發展階段

動作發展	語言理解／口語表達
不用手扶，能單腳跳一下	會問這是什麼？
可以自己上下樓梯	能正確的表達你的、我的
會向後倒退走	能說出2種常見的物品用途
能交換腳跳躍	至少能唱完一首完整兒歌
不扶東西，能雙腳離地跳躍	會講自己的姓和名
將滾動的球向前踢（視動整合）	

4 3～4歲家庭親子遊戲活動規劃

善用活動主題讓遊戲更生動

藉由主題的活動設計，由易至繁慢慢增加意境的豐富性，表現動作也會在同時增加表現難度，此時的孩子會努力想嘗試超過他的年齡、能力，進而挫折、憤怒會不斷出現，此時，爸爸媽媽要及時介入，幫助孩子調整速度以及目標，解除挫折達到成就感。

溫馨小提醒：

遊戲中，請不要用大人的眼光，去壓抑孩子對遊戲工具的狂熱，爸爸媽媽更要為孩子佈建適當的場所，當天氣好的時候可以找安全、方便的公園，天氣不好時，可以在家佈置走廊或客廳，進行多樣化的主題活動。

5 親子遊戲 1：小農夫（1）

遊戲目的	認識農場
感覺目標	聽知覺
發展動作	不扶東西，能雙腳離地跳躍
語言理解	會使用一「個」……等的單位量詞

Safe！打造安心遊戲場

1. 父母和孩子一起坐在地板上。
2. 由媽媽先放音樂（拍子律動）。
3. 請孩子眼睛閉起來。

Tips 音樂部份以輕音為主題。

故事情境action！

哇～剛剛你聽到什麼音樂呢？……是像兔子在跳？……還是像小鳥在飛？你腦中有什麼畫面呢？

Let's Play! 遊戲步驟拆解

step 1 讓孩子手持敲擊棒敲打地板、沙發、或寶特瓶，以剛聽到的節拍做出不同的敲擊樂趣。

step 2 遊戲變化：音樂放，由爸爸媽媽引導這音樂裡面像什麼動物？

step 3 若是像兔子跳，那就請孩子以兔子的方式跳躍；聽到像小鳥，請孩子展開雙手愉快飛翔……等。

Tips 一首曲子想像空間無限，可以讓孩子盡情大膽假設、活用肢體、大方表現。

愛的視線！爸媽觀察Point

一 觀察寶寶的肢體律動表現？

A 表現大方。
B 願意做但動作很小。
C 不敢動作。

二 寶寶向上跳時，雙腳可離開地板跳起來嗎？

A 可以做到。
B 願意試但無法成功。
C 完全做不到。

6 親子遊戲2：小農夫（2）

遊戲目的	生活百貨
感覺目標	聽知覺
發展動作	喜歡定點跳遠，能向前跳45公分
語言理解	會使用一「個」……等的單位量詞

Safe！打造安心遊戲場

1. 設定一個無障礙的走道起點和終點，兩點間距離約2公尺。
2. 準備5～6片「巧拼墊」，排列在起點至終點的地板上。
3. 請爸爸媽媽幫孩子準備一些動物圖卡。
4. 圖卡有1～10的數字則更佳。

故事情境action！

「哇～農場裡好多的小動物呦！小寶你有看到誰呀？」小動物調皮的都跑出來玩，我們現在一起送牠們回家好嗎？

Let's Play! 遊戲步驟拆解

step 1 請孩子在起點挑一張圖卡，跟爸爸媽媽說：「你想要送什麼動物回去農場呢？」

step 2 確認小寶貝使用正確的單位量詞，例如：1「頭」牛、1「個」農夫、2「隻」鴨子……。

step 3 讓孩子帶著圖卡，以雙腳跳過河川（巧拼墊），將圖卡送至終點。

愛的視線！爸媽觀察Point

一 單位量詞概念良好？

A 很好。
B 會說但不熟悉。
C 還無概念。

二 站在定點做跨越動作的穩定性如何？

A 流暢。
B 想做，但不協調。
C 無法完成。

7 親子遊戲3：下大雨嘍！

遊戲目的	水的世界
感覺目標	身體控制活動
發展動作	能交換腳跳躍。
語言理解	用「……和……」、「靠近……」、「在……旁邊」。

Safe！打造安心遊戲場

❶ 設定一個無障礙的走道起點和終點，兩點間的距離目測大約為2公尺左右。

❷ 在起點放置色紙數張，放在地上。

❸ 在起點至終點中間以5～6塊巧拼墊當成斑馬線。

❹ 終點由尼龍繩高掛固定兩端當成衣架，並夾上衣夾子。

❺ 終點衣架上先夾上2張色紙（綠色、紅色）。

故事情境action！

下雨囉！下雨囉！雨好大呀！小寶！我們要趕快跑回家去收衣服，不然衣服都要溼答答囉！

Let's Play！遊戲步驟拆解

step 1 爸爸媽媽引導孩子由起點拿起一張色紙，以單腳輪流跳躍過巧拼墊到終點。

step 2 在終點依照爸爸媽媽的指令做活動（例如：請幫我把衣服夾在紅色旁邊……）

step 3 完成後重新再做一次。

愛的視線！爸媽觀察Point

一 關於空間的位置概念？

- A 會使用。
- B 部份可被引導。
- C 完全不會。

二 能交換腳跳躍嗎？

- A 順暢。
- B 想做但不協調。
- C 完全需要被引導。

8 親子遊戲4：小泰山坐雲霄飛車

遊戲目的	➾ 交通工具
感覺目標	➾ 線性前庭活動
發展動作	➾ 雙腳跳，在5秒內能跳7～8次
語言理解	➾ 正確使用「為什麼」

Safe！打造安心遊戲場

1. 設定一個無障礙物的走道起點和終點。
2. 兩點距離約2公尺。
3. 在起點放置一個孩子熟悉的拼圖底板在地板上。
4. 在起點到終點中間貼上彩色膠帶（直線），為控制線。
5. 把起點的拼圖片全部散放在終點位置的地上。

故事情境action！

來吧！小泰山要以最快的速度，快快走到城市裡面，把被大風吹走的拼圖找回來囉！

Let's Play! 遊戲步驟拆解

step 1 「小泰山你準備好了嗎？你想先開什麼交通工具下山呢？」

step 2 若孩子說：「飛機」。就請孩子將兩手臂張開成機翼，在直線上快走，偏離跑道就從頭開始。

step 3 到終點撿起一個拼圖，必須再以最快的速度飛回起點，放上拼圖的位置。

Tips 活動變化：腳踏車——雙腳輪流抬高、放下慢走。摩托車——身體半蹲快速行走。

愛的視線！爸媽觀察Point

一 雙腳跳時，能在5秒內連續跳7～8次？

- A 可以做到。
- B 願意試但無法成功。
- C 完全做不到。

二 對交通工具的認識？

- A 常識豐富。
- B 提示後可完成。
- C 還沒有概念。

9 親子遊戲5：停車場

遊戲目的	交通工具
感覺目標	空間速度
發展動作	會向後倒退走
語言理解	至少能唱完一首完整兒歌

Safe！打造安心遊戲場

1. 設定無障礙物的走道起點和終點，兩點間距離2公尺。
2. 在起點準備各式交通工具玩具小汽車（或圖卡）。
3. 在終點用彩色膠帶貼一條橫線當作車庫。
4. 一片節奏CD、音響一台。

Tips 依據強、弱、快、慢、行版……等收集音律，收錄成CD；或以紙箱和鈴鼓代替，敲出強弱快慢的節拍。

故事情境action！

今天停車場內的車子亂停，這下子就大塞車啦！等會兒爸爸回來想開車就出不來啦！小寶我們一起來玩倒車入庫，幫忙把停車場的車子重新停好！小寶在倒車時要特別小心，你要仔細聽媽媽的指揮唷，不然車子會撞壞了。

Let's Play！遊戲步驟拆解

step 1 請孩子在起點拿取一種交通工具，並要求孩子說出交通工具的名稱。

step 2 請孩子背對終點，當媽媽放音樂時，孩子就以「後退」方式倒著走。

step 3 音樂旋律快，就快走；音樂旋律慢，就慢慢走。

step 4 媽媽以快、中、慢版的方式，引導孩子們將車子一輛輛停入車庫內，重複遊戲。

愛的視線！爸媽觀察Point

一 會向後倒退走嗎？

- A 會。
- B 只能倒退走兩步。
- C 願意學但還不能做好。

二 能不能分辨節奏的快或慢？

- A 節奏感清楚。
- B 聽覺和動作無法配合。
- C 還不能做好。

10 親子遊戲6：神射手

遊戲目的	交通工具
感覺目標	雙側協調
發展動作	動作協調
語言理解	會使用單位量詞，如：一「個」

Safe！打造安心遊戲場

1. 設定一個無障礙物的走道起點和終點，目測兩點之間的距離大約為2公尺左右。
2. 在起點準備一個「枕頭套」或「大型塑膠袋」。
3. 在起點準備飛機、汽車、腳踏車、輪船……等貼紙。
4. 在終點準備幾張白紙，請爸爸媽媽和孩子一起手繪：飛機跑道、車庫、腳踏車格、港口……等，作為起點交通工具停靠站配對用。

故事情境action！

快樂城裡住了許多「袋鼠」，每天早上，袋鼠們都要搭乘不同的交通工具去上班或上學，這些交通工具也要分別停放在各自的位置。「請問飛機要停放在那裏休息呢？」

Let's Play! 遊戲步驟拆解

step 1 先在起點選取一台交通工具貼紙貼在手臂上。

step 2 身體進入袋子內，雙手拉住袋子，從起點以跳躍的方式到達終點。

step 3 到達終點時，把手臂上的貼紙手撕下來，貼在該交通工具應該停的停靠站上。

step 4 遊戲結束前，請孩子數一數各停靠站共停了多少台交通工具（每種最多在10以內即可）。

愛的視線！爸媽觀察Point

一、能用雙手拉住袋子，以跳躍的方式向前移動？

A 可以。
B 能跳但協調性不佳。
C 還不能做好。

二、能不能搭配手指頭一個一個點數出正確數量？

A 可以。
B 不一定。
C 無法點數。

Chapter 9

從日常活動中，替寶寶進行檢核

本書特別為０～３歲寶寶整理出一份可以定期檢核的活動觀察表。方便媽媽每隔一小段時間觀察一下：寶寶是否又進步了呢？

- 讓媽媽們了解當媽媽該注意的事，才是解決問題的關鍵。
- 小寶寶的一舉一動都是有意義的。
- 讓媽媽比較具體的看出不同階段寶寶可以有什麼表現。
- 不同月齡會有不同階段寶寶的發展表現。
- 寶寶出生的第一年，大腦與感覺神經系統的發展速度很快。
- 每3個月我們就來檢視一次。
- 媽媽每隔一段時間觀察一下寶寶是否又進步了呢？
- 寶寶現在是否可以做到，和寶寶將來聰明與否並無直接的關係。
- 累積足夠的能力才漸漸調整遊戲的難度。
- 寶寶每個動作背後有多麼重要的含意。

「寶寶最近上課都沒辦法安靜下來，請媽媽回家要多多注意一下喔！」媽媽聽見幼兒園老師這麼說，多半會著急到睡不好又吃不下；幾乎每一年，我們都會遇年輕的媽媽焦慮地哭了；媽媽們好擔心……她們不知道可以去問誰？

向來鮮少有人能為媽媽說明，寶寶現在的表現算不算正常？有什麼方法可以改變？我認為，讓媽媽們了解「當媽媽該注意的事情」，才是預防和解決問題的關鍵。

小寶寶的一舉一動都是有意義的，可惜大部份的媽媽並不知道小寶寶能夠做什麼？所以也就無法看懂寶寶每個動作背後有多麼重要的含意。

為了讓媽媽比較具體的看出，不同階段寶寶可以有什麼表現，本書特別為0～3歲寶寶仔細整理出一份可以定期檢核的「活動觀察表」。方便媽媽每隔一段時間觀察一下：寶寶是否又進步了呢？

在寶寶出生的第一年，大腦與感覺神經系統的發展速度很快，所以每3個月我們就來檢視一次。

在不同月齡會有不同階段寶寶在身體動作、情緒、語言認知能力的發展表現。

所有這些大人看似平常的舉動，若寶寶在這個期間成功做到一半以上就很不錯，表示寶寶的基本能力正在一點一點進步當中。

如果寶寶還「不能」做到或「不確定」寶寶能不能做到，那麼就有可能是寶寶還沒有機會去練習而已，只要大人願意調整一下生活中的互動方式，寶寶通常很快就可以跟上發展的步調。

若發現寶寶所屬月齡的20道題目大部份都還無法做到，請往前一個階段自我檢核表重新再填一次。

這份家庭活動的自我檢核表，主要是希望可以提供照顧者了解不同年齡寶寶在家能玩些什麼？

因此，寶寶現在是否能做到，和寶寶將來聰明與否並無直接的關係。先加強前一個階段的親子活動，並累積足夠的能力，才漸漸調整遊戲的難度。

若提前半年的20道題目中，寶寶達成的比例又低於30%，就必須對寶寶生活環境、照顧方式、及寶寶生理發展的狀況做更客觀的評估和仔細觀察，很可能有被忽略的細節需要調節改變；當爸爸媽媽把外在的條件都調整了，接下來在寶寶方面，建議就需要再更進一步的兒童發展評估或安排專業諮詢。

1 0～3歲寶寶活動檢核 日常活動自我檢核

寶寶出生後滿 1 ～ 3 個月，check！

NO	寶寶的家庭活動表現
01	白天清醒時，寶寶會主動伸展兩手和兩腳運動身體。
02	寶寶五根指頭常握成拳頭狀，能用力握緊大人的手指頭。
03	寶寶眼睛的視線可以跟隨眼前的目標移動。
04	當寶寶排便或尿後，會以哭聲來引起照顧者注意。
05	寶寶在清醒時，若改以趴臥姿勢放在床上，會自己設法抬起頭和下巴。
06	能分辨牛奶或白開水味道，味道不同會出現吐舌頭或眉頭緊縮的反應。
07	將寶寶抱近看到大人逗弄的表情時，臉上也會出現模仿表情。
08	寶寶聽到聲音時，會轉頭尋找聲音的來源。
09	當寶寶哭鬧時，經由按摩或擁抱後，情緒可以被安撫下來。
10	寶寶睡覺時，可以安穩入眠，不會因為電視或音樂聲有所改變而驚醒哭鬧。
11	寶寶可以接受大人以橫躺或直立的姿勢抱著，都不會哭鬧。
12	喝奶及睡覺的時間具有規律性，間隔時間有固定性。
13	將寶寶抱起來呈直立姿勢時，寶寶會有踢腿的動作出現。
14	聽到大人逗弄的聲音會微笑，有時還能發出笑聲。

NO	寶寶的家庭活動表現
15	寶寶平躺時，能自己翻身變成側臥的姿勢。
16	寶寶聽到照顧者熟悉的講話聲音時，原本浮躁的情緒能稍微地平靜下來。
17	被直立抱起時頭部挺起，可以轉動身體觀察旁邊的人或景物。
18	能穩定持續4～5小時的睡眠，中間不餵食也不吵鬧。
19	寶寶會不斷嘗試吸吮自己的手指頭。
20	寶寶在清醒時，會伸手想觸摸玩具，或者是大人拿在寶寶眼前晃動的東西。

在家檢核日期：_____年_____月_____日

滿幾歲：_____歲_____個月

觀察結果：是_____題　不確定_____題　否_____題

育兒筆記

寶寶出生後滿 4～6 個月，check！

NO	寶寶的家庭活動表現
01	在寶寶清醒時，將他改以趴臥姿勢放在床上，會自己設法抬起頭和下巴。
02	寶寶會不斷嘗試去吸吮自己的手指頭，或者是習慣一捉到東西就放進嘴巴裡面。
03	寶寶的視線會被移動的影像所吸引，常看到目不轉睛，甚至連身體都一起跟著轉動。
04	當寶寶排便或尿後，會以哭聲來引起照顧者注意。
05	將寶寶以坐姿的姿勢放在有椅背的座位時，上半身已能夠維持較久的穩定性。
06	品嚐到新口味的副食品時，臉上會出現不同的反應表情，吃到味道較奇怪的食物，也會顯現在臉上，例如：皺眉頭。
07	聽到別人呼喚他時，會開心的微笑；會用動作和聲音來去吸引別人的注意。
08	寶寶聽到有人叫他名字的時候，會轉頭去看說話的人。
09	當寶寶哭鬧時，經由按摩或者擁抱之後，情緒可以很快地被人安撫下來。
10	寶寶清醒或睡覺時，都不會因為家中的電視或音響聲音稍微有改變而哭鬧。
11	會盯著爸媽的臉看，並且模仿別人的表情。
12	可以用手把玩物品，還會試著拿到口裡咬一咬。
13	將寶寶抱起來呈直立姿勢時，寶寶會有踢腿的動作。
14	聽到大人逗弄的聲音會有微笑動作，有時還能發出大笑聲。
15	可以由躺臥自己翻身轉成俯趴的姿勢，設法伸手想拿取玩具。

NO	寶寶的家庭活動表現
16	會自己發出咿咿呀呀的聲音，好像在練習講話一樣。
17	平時在洗臉或洗髮時，不會強烈反抗或哭鬧。
18	半夜睡覺時間延長，能持續5～6小時熟睡，中間不餵食也不會特別吵鬧。
19	可以自己在背後沒有依靠的床或地板上坐穩，也會用雙手支撐來保持平衡。
20	寶寶喜歡被抱到戶外散步，對周遭環境會好奇的四處觀望。

在家檢核日期：_____年_____月_____日

滿幾歲：_____歲_____個月

觀察結果：是_____題　不確定_____題　否_____題

育兒筆記

....

....

....

....

....

....

....

寶寶出生後滿 7～9 個月，check！

NO	寶寶的家庭活動表現
01	寶寶會對別人講話的聲音感興趣，甚至會自動發出牙牙學語的聲音。
02	會配合例行性動作，例如：換尿布時不會亂動；看到準備食物會安靜等待。
03	能夠自己坐穩在地板上玩耍。（觀察前，請於左右及背後放置軟墊保護）
04	趴在地板上雙手可以撐地並抬起頭。
05	主動與別人微笑互動，並且模仿對方的表情。
06	趴在地板上雙手可以撐地並抬起頭。
07	以湯匙餵食半固體狀食物時，寶寶能夠順利的吞嚥進食。（例如：粥或蔬果泥）
08	伸出手時，能準確的碰觸東西及抓住懸吊物品。
09	能夠將兩手所拿的玩具互相敲擊而發出聲音。
10	會模仿大人用點頭動作表示「謝謝」。
11	可以接受用嬰兒牙刷按摩或輕刷牙齦。
12	能做出翻書的動作（厚紙做的圖畫書或布書）。
13	願意接受不熟悉的人抱，也不會緊張害怕或躲開。
14	已經能夠自己以爬行法移動，爬行中途坐起身或繼續向前，都可以活動自如。
15	寶寶會用搖頭或揮動小手，用來表示「不要」的意思。
16	會伸手觸摸鏡中自己的影像，照鏡子時會有開心愉快的表情。

NO	寶寶的家庭活動表現
17	自己能夠拿奶瓶喝水或喝奶，移動奶瓶的動作熟練順暢。
18	爬行活動時，可以肚子離地，以雙膝著地的姿勢爬行。
19	清醒時會主動想找東西玩，也會重複大人曾和他玩過的動作或遊戲。
20	會有丟東西的動作，幫寶寶撿起來之後，會一再的重複有丟下東西的動作。

在家檢核日期：_____年_____月_____日

滿幾歲：_____歲_____個月

觀察結果：是_____題　不確定_____題　否_____題

育兒筆記

....

....

....

....

....

....

....

寶寶出生後滿10～12個月，check！

NO	寶寶的家庭活動表現
01	會使用有吸管的嬰兒學習杯喝水。
02	能用手抓取固體食物，如餅乾或葡萄乾。
03	可以自己轉身趴在沙發或床上用腳先滑下來。
04	起床和就寢睡覺時間很穩定，晚上睡前或早晨起床後，都不會吵鬧不休。
05	會自己用手拿餅乾吃，想要自己拿湯匙進食。
06	可以接受用嬰兒牙刷按摩或輕刷牙齦。
07	拉起寶寶的雙手引導時，寶寶會跨步向前走。
08	洗臉、洗髮或剪指甲時配合度良好，不會出現恐慌的情緒，也沒有強烈反抗或哭鬧的現象。
09	若面對鏡子的反射，會伸手觸摸鏡中自己的影像，且照鏡子時會有開心愉快的表情。
10	當寶寶坐在地板玩夠了，會想拉著大人或抓住支撐物，而自己站起來。
11	聽到大人說「謝謝」會點點頭；而聽到「握手」會舉起小手與對方握手。
12	遊戲時能用手握住罐子上下搖晃，設法將東西倒出來。
13	能用動作表情和別人溝通，情緒好的時候會拍手表示開心。
14	會安靜注視圖片中的圖案，另外，看到熟悉的圖，會出現一種眼神專注的表情。
15	會發出「媽媽」或「爸爸」的聲音，模仿大人發音講話。

NO	寶寶的家庭活動表現
16	會以爬行或側走的方式移動身體。
17	會模仿大人的動作，做出看書或拿湯匙攪拌的動作。
18	能聽從指令將物品拿給指定的人（例如：把奶瓶拿給媽媽，將小球拿給爸爸）。
19	當做出一件事情獲得讚美時，會重複進行動作，來吸引別人注意，試圖獲得更多認同的話語。
20	會模仿簡單的聲音，跟隨大人所講的話發出單字音。

在家檢核日期：_____年_____月_____日

滿幾歲：_____歲_____個月

觀察結果：是_____題　不確定_____題　否_____題

育兒筆記

寶寶出生後滿1歲～1歲半，check！

NO	寶寶的家庭活動表現
01	能找到藏在掩蓋物下的物品或玩具。
02	會認得大人教過的圖案，並用手指出正確的圖型來。
03	會爬行越過障礙物。
04	在爸媽的陪伴下，可以自然地和陌生人打招呼（微笑、揮手或問好）。
05	被問到：「手在哪裡？」「腳在哪裡？」寶寶會伸出手腳或者盯著自己的手腳看。
06	可以自己脫掉鞋襪或衣褲。
07	寶寶可以獨自爬上沙發椅，再轉身、滑下來，移動身體的動作相當靈巧。
08	可以放手走路而不跌倒。
09	看到新奇的玩具會用手拿起來把玩，已經不會再習慣直接放進嘴巴裡頭咬。
10	會模仿動物的叫聲，例如：小狗「汪汪」、小貓「喵～」。
11	行走間，可以彎腰撿拾地上的玩具，然後自己穩穩地站起來，繼續活動。
12	能夠自己脫下鞋襪及衣褲。
13	當玩具車放地上，會動手推動玩具車前進，並且能依照指令去拿「車子」。
14	會使用吸管喝水，也能夠吃固體食物。
15	寶寶能夠記住物品放置的固定位置，知道去什麼地方拿東西。

NO	寶寶的家庭活動表現
16	可以自己吃飯，不需要大人餵食。
17	走路平穩，兩手可以同時拿取不同物品，同時活動自如。
18	知道將垃圾必須丟到垃圾筒，喜歡當家人的小幫手，樂此不疲。
19	能自己從玩具箱或置物架上面取出指定的玩具。
20	大人牽著單手走路時，能夠順利跨過臺階或小型的障礙物。

在家檢核日期：_____年_____月_____日

滿幾歲：_____歲_____個月

觀察結果：是_____題　不確定_____題　否_____題

育兒筆記

....

....

....

....

....

....

....

寶寶出生後滿1歲半～2歲，check！

NO	寶寶的家庭活動表現
01	會組合兩個字詞表達意思，例如：「我不要」、「出去玩」、「媽媽開」……
02	能夠獨自走、停、轉彎，行進的過程動作已經穩定，而不容易輕易跌倒。
03	會主動要求照顧者講故事，而且喜歡重複聽相同故事。
04	會用雙手將組合式的玩具積木一個一個拆開來，也會設法做出組合動作。
05	會用杯子喝水，可以用吸管喝水或吹出泡泡。
06	會用簡單的單字配合動作來表達意思。
07	可以用手指指出圖片，或照片中認識的東西。（例如：車子、媽媽、皮球……）
08	能在斜坡上下來回快走或跑步，而不會跌倒。
09	寶寶在快跑時，遇到障礙物會停下或繞行通過。
10	能用單手高舉小球，做出向前丟的動作。
11	會組2個以上的字或形容詞，說出簡單的句子。
12	會跟著大人一起數數（1，2，3……）
13	喜歡講電話或拿起電話自言自語。
14	能自己獨立穿脫鞋襪，無需大人協助也能做好。
15	能模仿大人學說話，見到新奇的東西會問：「這是什麼？」
16	可以自己扶著欄杆上下樓梯行走。

NO	寶寶的家庭活動表現
17	會玩簡單的2片式拼圖，能記住圖案的名稱。
18	每天早晨起床後有固定刷牙習慣，會自己拿兒童牙刷。
19	吃飯前會主動到自己固定的座位等待，能自己吃飯而不要大人餵食。
20	寶寶能夠正確指認或說出50～100個字詞。

在家檢核日期：_____年_____月_____日

滿幾歲：_____歲_____個月

觀察結果：是_____題　不確定_____題　否_____題

育兒筆記

寶寶出生後滿2歲～2歲半，check！

NO	寶寶的家庭活動表現
01	寶寶可以一頁頁翻書，翻動時紙張不會撕破。
02	遊戲或運動時可以很快由平躺的姿勢直接站起來。
03	寶寶會自己念唱數字1至10，在遊戲時，也能在大人指導下配合動作數秒。
04	寶寶會主動要求大人參與自己的遊戲。
05	在快走或跑步時，遇到障礙物可以控制身體姿勢而不跌倒。
06	看到熟悉的人會主動問好，或在媽媽的示範下跟著問好。
07	可以說出書本或圖畫上物品的名稱，可以持續10分鐘的陪讀或親子互動。
08	能正確分辨三種以上的顏色。
09	喜歡模仿大人的動作或幫忙收拾玩具，會糾正別人的動作。
10	會將積木或空紙盒子等等物件向上疊高，喜歡重複練習，做堆高再推倒的動作。
11	寶寶有收拾玩具的好習慣，已知道遊戲後要將東西收放在固定位置的概念。
12	可以分辨出東西是「大的」或「小的」，開始有比較的概念。
13	能回答簡單的問題；例如：「這雙鞋子是誰的？」寶寶能說：「媽媽的。」
14	聽到熟悉的音樂或故事會停下手上的活動，先專心傾聽。
15	遊戲時在快跑中暫停，可以很快繼續動作，動作和停止之間的轉換協調流暢。
16	可以用食指和拇指拿起硬幣，再將硬幣放進存錢筒。（觀察時必需有大人陪同，避免危險。）

NO	寶寶的家庭活動表現
17	能自己握筆在紙上畫出圓圈、點狀或線條，繪圖持續時間能超過3分鐘以上。
18	能從20公分高度的台階上跳到地面並站穩。
19	能與大人接唱學過的童謠或兒歌。
20	寶寶會說簡單的句子，有需求時能用說話溝通，不會一直哭鬧個不停。

在家檢核日期：_____年_____月_____日

滿幾歲：_____歲_____個月

觀察結果：是_____題 不確定_____題 否_____題

育兒筆記

後記

0～3歲，用遊戲教出棒小孩！

獲知出版社訂下的書名時心中充滿感動，我想這是巧合也是緣份吧！「棒小孩」是我們習慣用來鼓勵孩子們的稱呼，而我也深深相信正向激勵給寶寶的影響肯定是長久而深遠的。

黃老師和孩子互動時，總是精神飽滿、活力充沛，每當孩子遇到困難而猶豫時，我也會用一個肯定的眼神來增強孩子的自信心，以一個微笑點頭代表對孩子能力的肯定；我常告訴兒子：「媽媽覺得你很棒，我猜你的實力不只這樣而已唷！」

平心而論，身為母親和教育工作者的雙重身份，能夠分給子女的時間其實比多數媽媽還要少；但令人欣慰的是多年來，孩子們相當支持媽媽的工作。

深刻記得兒子曾經說：「媽，妳如果還有時間就分給更多爸媽，請你一定要去告訴他們小孩其實是需要什麼。我真的覺得班上很多同學不快樂，他們花很多時間補習，可是聽到老師說要考試就嘆氣，上學為什麼會這麼難過呢？」兒子說出了我的心聲，孩子就該享受學習的樂趣不是嗎？有壓力時大腦是學不好的。

親子遊戲的好處，已經在我們周遭孩子身上表現出來了，聽說許多曾經在挑戰遊戲中長大的孩子，如今在學校表現都能獲得師長們的肯定，家長說這些孩子比起班上其他同學更成熟而有目標感，比較自動自發、能知道自己該做什麼。

為此我與其他老師探討過原因，這些爸媽在孩子年齡小時就做對一件事，他們更願意花時間來等待孩子建立起主動性，從小就透過遊戲讓孩子有深刻的印象：跌倒再爬起來就好，多練習下次就有機會獲勝。所以我們口中的棒小孩在面臨大小考試就如同遊戲闖關，懂得檢視自己準備夠不夠，相對就不會害怕或排斥。

專業遊戲設計的老師在規劃遊戲時，會依照年齡能力而設定活動目標。而我則建議爸爸媽媽和寶寶遊戲時大可不必想太多，只要玩得開心就好，寶寶在活動過程可以天馬行空發揮想像力。引導寶寶長大能說出：「媽媽我明天還要玩，下次我會更好！」這類具有運動家精神的自我期許。

嬰幼兒時期是寶寶對父母依賴最強的幾年，育兒手忙腳亂的時期過得很快。但我想與孩子互動的時間不在於長短，而是每次相處時彼此有聲或無聲的溝通模式幼兒時期透過互動遊戲而培養出來的安全和信任感，是再多金錢也換不回的親子默契。在寫下此篇後記的這天，正好是故事中小豆的生日，事隔多年，寶寶可愛的模樣如今想來依然甜蜜，不也是真實育兒生活所累積的歡笑和眼淚，才有本書的誕生嗎？

養育健康快樂的孩子，可真不是媽媽獨自盡心就能夠達成的挑戰，所以我得感激身旁每位適時提供協忙和鼓勵的親友們。

最後，我想感謝讀者身旁每一個獨一無二的棒小孩，因為和寶寶輕鬆的遊戲，爸爸媽媽反而也能獲得驚喜和幸福感受，而這些甜美的回憶終將成為幸福家庭的傳家寶。

國家圖書館出版品預行編目資料

神奇育兒魔法！0～3歲，用遊戲教出棒小孩／薛文英、黃曉萍 著. -- 初版. -- 新北市中和區：活泉書坊出版 采舍國際有限公司發行, 2016.02 面； 公分

ISBN 978-986-271-662-5（平裝）

1. 育兒 2. 親子遊戲

428.82 104027607

神奇育兒魔法！
0～3歲，用遊戲教出棒小孩

出 版 者 ■ 活泉書坊
編　　著 ■ 薛文英、黃曉萍　　文字編輯 ■ 蕭珮芸
總 編 輯 ■ 歐綾纖　　美術設計 ■ 吳佩真

郵撥帳號 ■ 50017206 采舍國際有限公司（郵撥購買，請另付一成郵資）
台灣出版中心 ■ 新北市中和區中山路2段366巷10號10樓
電　　話 ■ (02) 2248-7896　　傳　　真 ■ (02) 2248-7758
物流中心 ■ 新北市中和區中山路2段366巷10號3樓
電　　話 ■ (02) 8245-8786　　傳　　真 ■ (02) 8245-8718
I S B N ■ 978-986-271-662-5
出版日期 ■ 2016年2月

全球華文市場總代理／采舍國際
地　　址 ■ 新北市中和區中山路2段366巷10號3樓
電　　話 ■ (02) 8245-8786　　傳　　真 ■ (02) 8245-8718

新絲路網路書店
地　　址 ■ 新北市中和區中山路2段366巷10號10樓
網　　址 ■ www.silkbook.com
電　　話 ■ (02) 8245-9896　　傳　　真 ■ (02) 8245-8819

本書全程採減碳印製流程並使用優質中性紙（Acid & Alkali Free）最符環保需求。

線上總代理 ■ 全球華文聯合出版平台
主題討論區 ■ http://www.silkbook.com/bookclub　● 新絲路讀書會
紙本書平台 ■ http://www.silkbook.com　● 新絲路網路書店
電子書下載 ■ http://www.book4u.com.tw　● 電子書中心（Acrobat Reader）